U0909874

病魔心理学

治愈导致你内心不安的11种病症

淝河一石◎著

中国财富出版社

图书在版编目（CIP）数据

病魔心理学：治愈导致你内心不安的 11 种病症 / 淝河一石著. —北京：中国财富出版社，2016.3

ISBN 978-7-5047-5944-3

Ⅰ.①病… Ⅱ.①淝… Ⅲ.①病态心理学 Ⅳ.①B846

中国版本图书馆 CIP 数据核字（2015）第 265872 号

策划编辑 刘 晗　　责任编辑 白 柠

责任印制 方朋远　　责任校对 杨小静　　责任发行 邢小波

出版发行 中国财富出版社

社　　址 北京市丰台区南四环西路 188 号 5 区 20 楼　邮政编码 100070

电　　话 010-52227568（发行部）　010-52227588 转 307（总编室）

010-68589540（读者服务部）　010-52227588 转 305（质检部）

网　　址 http://www.cfpress.com.cn

经　　销 新华书店

印　　刷 北京高岭印刷有限公司

书　　号 ISBN 978-7-5047-5944-3/B·0470

开　　本 880mm×1230mm　1/32　　版　　次 2016 年 3 月第 1 版

印　　张 10　　印　　次 2016 年 3 月第 1 次印刷

字　　数 215 千字　　定　　价 32.00 元

前言

“众症时代”——刚在网上一看到这个词，顿觉眼前一亮，因为它生动形象地道出这个时代的一些共相，凸显出了这个时代的特点，折射出了这个时代中的人们或多或少具有的心理特征：冷漠、焦虑、封闭、压抑，却又时而狂躁、冲动、放肆、臆想……

如果对这些心理特征，你还感觉不够具体，那么你是否有过这些体验：你急切渴望成功，做事却总是拖拖拉拉，这表明你可能患上了拖延症；你做一件事必须重复检查多次方才放心，这表示你可能患上了强迫症；你会在没有明确诱因的情况下，突然紧张担心，坐立不安，甚至还会伴有心悸、手抖、出汗、尿频等症状，这表示你可能患上了焦虑症。此外，还有恐惧症、抑郁症、失眠症、痴呆症、人格分裂症等。总之，今天这个时代是一个大家都有“病”的“众症时代”!

有人说，生命，是一场孤独的跋涉，一个人走，一个人停，一个人流浪；一个人哭，一个人笑，一个人坚强。心理学泰斗弗洛伊德也认为，成年人的行为模式根源于童年。这也就意味着大家都有“病”的根源在于每个人自己。这种说法我很理解，却不完全赞同。因为它无法解释，多年前距离我们似乎还很遥远的拖延症、焦虑症、强迫症、抑郁症等病症，为何会在今天这个时代，突然像病毒一样，在这熙熙攘攘、人流不断的都市里，无声地蔓延，以至于让我们这个时代也贴上了“众症”的标签?

显然，大家都有的这个“病”既来自于每一个个人，也来自于这个时代，而且是这两个原因相结合的产物。今天这个时代，是一个飞速发展的时代，是一个把速度、效率看作比一切都重要的时代，是一个物质极度丰富、信息大爆炸以至于让我们不知道该如何选择的时代，是一个我们享受了网络的方便却又被网络奴役的时代，也是一个容易把名利上的成功视为人生终极目标的时代。

在这样一个信息爆炸、充满喧嚣、物质繁荣的时代里，我们迷失了，我们失去了生命中本应有的那份闲适的心情，我们失去了欣赏沿途风景的乐趣。我们被时代的潮流裹挟着前进，我们把成功作为我们的信仰，我们把速度与效率视为我们的追求。一旦我们落后了一点，我们就会恐慌，会有挫败感，会焦虑，会自责，会千方百计地想奋起直追。但太多的时候，我们奋起直追不仅没有成功，反而让我们陷入了一种僵局：我们的思想被扯不断的情绪纠结成一股乱麻，越逼迫就越无奈，越无奈就越努力，越努力就越空白，越空白就越加倍逼迫。

这是一个可怕的，可怕到令人窒息的恶性循环！

在这个可怕的循环中，我们睁开眼满世界都是尘埃，我们变得更加忧郁，更加焦虑，更加沉闷，更加烦躁，时而还会夹杂着沮丧感、宿命感和想要自暴自弃而又心有不甘的感觉。我们的神经一直紧绷着，于是，一些心理疾病或悄悄地，或突然地光顾了我们。所以，这与其说是“病”，不如说是我们个人对于这个时代的不适感。

我们生“病”了。有人说，一次伤痛，是一次觉醒；一场磨难，是一场洗礼。但我们得的是心理上的“病”，是一种持续性很强、很难完全治愈的“病”。白天，我们可以打着领带或踩着高跟鞋，出入高档写字楼，表面镇定自若，气宇轩昂，但毕竟掩盖不住内心的无措、彷徨和顾此失彼，我们被自己的“病”折磨得很痛苦！

我们该怎么一边应付紧张的工作，一边又要与“病”打交道呢？有人说，人的每一种疾病都有存在道理，因为它在通过令你不舒服的方式向你示警，提醒你注意身体。从这个意义上说，心理疾病也是有意义的。

那么它们的意义表现在哪里呢？那就是逼迫我们对生活进行反思。不管你是否患有本书所列举的病症，不管你患有这些病症的程度是深还是浅，从这一刻起，你都应该反思一下你现在的生活方式，反思一下我们如此拼命工作、拼命挣钱，以至于忽略了太多太多的东西，这是否值得?

著名哲学家伦·瓦兹说："假如快乐感总是取决于某种对未来的期望，那么我们只是在追逐一个抓不住的鬼火，直到我们自己消失于死亡的深渊。"所以，我们不应该把生命视为一场竞赛，而把我们人生的乐趣都寄托在赢得竞赛的那最后一刻上。我们应该把生命视为一条河流，或缓或急，或窄或宽，或清或浊，它都是我们生命独一无二的形态，我们都要学会去欣赏它，享受它，随性地去生活，自然会远离那些疾病。

因此，本书既致力于把读者的心灵诊治得通明剔透，更致力于让读者真正地去反思生活，放弃生命中那些看似绚丽实际上并不太重要的东西，通过慢慢地调试修炼，重新做回真正的、单纯的自己，重新做回一个安然自若、胜似闲庭信步的健康者!

目　录

第一章　抑郁症：它埋葬了生命的绚丽春色

第四章　强迫症：学会主动接纳，顺应自然之力

第五章 偏执症：你的内心，有谁能够读懂

第六章 恐惧症：既需要勇气，更需要智慧

第七章 焦躁症：别急，岁月将会给你一切

第八章 失眠症：把夜晚丢失的时间找回来

第九章 人格分裂症：创造的赞美诗或恐怖的深渊

第十章 痴呆症：注意早期信号，远离痴呆

第十一章 神经衰弱症：脑力劳动者的疲劳催化剂

第一章
抑郁症：它埋葬了生命的绚丽春色

抑郁的目的在于迫使你停下来，能清楚自己是谁，将走向何方。它要求你给自己定位，这固然痛苦，却也是产生转变的驱动力。

——英国著名心理学家吉尔伯特

12 年前的那个愚人节，仿佛还在昨日，香港王牌经纪人陈淑芬清楚地记得，那一天她和一位好朋友约好一起用餐。在通电话时对方突然说："我想趁这个机会看清楚一下香港。"陈淑芬顿感不详，立即乘车赶往朋友所在酒店。

这时对方打来第二通电话说："你 5 分钟后在酒店门口等我，在正门，然后我就会来了。"5 分钟后，陈淑芬突然听到东西摔到地下发出的一声巨响，她原先以为是交通事故，但为了确认马上拨朋友电话，不料却一直转语音信箱。她心一沉，最后证实那声巨响就是朋友坠楼的声音……不用说，这位坠楼的人就是被人们亲切称为“哥哥”的一代巨星张国荣。

一代巨星的陨落，既给这个世界留下了无数悲痛与思念，也给这个世界留下了很多谜团。时隔12年之后，在百度搜索“张国荣”三个字时，首先出现的就是“张国荣死亡之谜”，一行黑字，触目惊心，看得人黯然神伤。

逝者已逝，自是无法为世人解答谜团，但通过亲人之口，人们还是找到了谜团的答案——抑郁症。在抑郁症面前，生命或许真是不可承受之重，这个被形容为“头号心理杀手”“让死亡离我如此之近”的心理疾病带走的人太多太多，顾城、陈百强、三毛、徐迟、王国维、海子……看着这一长串名单，我们不得不承认，生命本应如此美好，抑郁症却埋葬了它绚丽的春色。

走近抑郁症

有人说，抑郁症是一种无形的内伤，不管外面是忧郁，还是装出的快乐，内心永远是痛苦与悲伤：即使刚刚收获成功，却感觉不到成功的喜悦；即使身处喧哗闹市，却感觉身边空空荡荡；即使高朋满座，也找不到人倾诉心声；纵使满面笑颜，心中却流泪……

有人说，抑郁症是一道枷锁，患者身陷其中，千方百计想走出，却无法突围。

有人说，抑郁症是死亡的诱惑，它总是企图引诱你走近死亡。

抑郁症的表现如此多样化，其实也并不奇怪，因为每个抑郁症患者对抑郁症都会有不同的理解，不同的体会，不同的感受。那么抑郁症究竟是什么样呢？

在西方，抑郁症被人们称为“蓝色隐忧”。在这个浪漫名字的背后，却是一个非常残酷的事实，抑郁症发病率非常高，被称为精神病中的感冒。对于这个精神疾病中的感冒，人们给出了简单的定义：以持续性心境低落、情绪抑郁为基本特征的一类神经症。

为了更好地认识抑郁症，下面列举出了抑郁症的通常表现：

一是情绪方面的表现。陷入抑郁之中的人，情绪会变得低落，很难体验到真正的快乐。能够引起别人，也能够引起之前的自己快乐的事情，现在却不能让自己快乐起来。一个人情绪的变化，自然会影响到一个人看问题的方式和角度。例如，同样一个笑话，正常人听到之后就是一笑了之，但一个情绪不好的人听了，就会做出负面的理解。具体到抑郁症患者身上，他们会降低对快乐的感受，放大对悲伤的感受，让自己更加悲伤。

二是意志与行动方面的表现。因为对事物失去了快乐的体验，一件事做与不做反正差别也不大，那又何必卖力地去做？受这种情绪影响，患者的意志力也处在被抑制状态，表现为意志消沉，行动缓慢，生活被动、疏懒，不想做事，不愿和周围人接触交往，常独坐一旁，或整日卧床，闭门独居、疏远亲友、回避社交。

三是思维方面的表现。因为情绪与意志受到悲观情绪的压抑，所以他们的思维速度缓慢，反应迟钝，思路闭塞，自觉"脑子好像是生了锈的机器""脑子像涂了一层糨糊一样"。

四是生理方面的表现。抑郁症在生理方面的影响有两个方面，一方面是可见的，包括主要有睡眠障碍、乏力、食欲减退、体重下降、便秘、身体任何部位的疼痛、性欲减退、阳痿、闭经等。躯体不适的体诉可涉及各脏器，如恶心、呕吐、心慌、胸闷、出汗等。另一方面是不可见的，主要包括体内一些分泌物质的变化，例如影响一个人情绪变化的多巴胺等。

此外，抑郁症还表现在想象力的变化上。和情绪、思维等相反，在抑郁的状态下，人的想象力反而得到进一步激发。这时，抑郁症患者好像变成了作家、编剧，一遇到事情就会忍不住向坏的方面想，想得还特别具体，特别生动。而这些自己想象出来的悲观剧情，会更加让自己害怕，并极力试图去避免，却又越想避免，就越无法摆脱，让自己更加情绪不安。

以上的这些变化既是抑郁症的表现，也可以作为抑郁症诊断的依据，如果你在自己身上感觉到了这些症状，那么你需要认真把这一章的内容读下去了。

【心理点拨】 抑郁症的核心表现就是缺乏对快乐的体验。这不是因为患者不想快乐，相反患者非常希望努力让自己快乐起来，但是越想摆脱抑郁状态，重获快乐，快乐就离自己越远，自己仿佛陷入到了抑郁的泥潭里，无力自拔。当一次次的抗争，换来的只是失败与沮丧时，患者就会变得更加消极，更加悲观，这是一个可怕的循环。在这个可怕的循环里，有的人意志被消磨，毅力被腐蚀，最终选择了放弃；也有的人，经过不懈努力，最后终于找回了久违的快乐。所以，不管抑郁症多么难以克服，每一个患者都不应该放弃努力。

检测一下你的抑郁程度

读了上一篇文章，你已经了解了抑郁症有哪些表现。对照这些表现，你已经能够大致区分自己是否患有抑郁症。但这种判定仅仅出于你的自我感受，还不够科学。再说，即使你真的患有抑郁症，你还要知道自己所患的抑郁症究竟到了什么程度。

这是美国新一代心理治疗专家、宾夕法尼亚大学的伯恩斯博士设计出的一套抑郁症的自我诊断表。请你选择一处安静、不易受打扰的环境，回想近两周的情绪状态，然后认真进行下面的测试。

1. 你是否感到食欲不振或情不自禁地暴饮暴食（ ）

A. 没有　B. 轻度　C. 中度　D. 严重

2. 你是否患有失眠症或整天感到体力不支、昏昏欲睡（ ）

A. 没有　B. 轻度　C. 中度　D. 严重

3. 你是否丧失了对性的兴趣（ ）

A. 没有　B. 轻度　C. 中度　D. 严重

4. 你是否经常担心自己的健康（ ）

A. 没有　B. 轻度　C. 中度　D. 严重

5. 你是否认为生存没有价值或生不如死（ ）

A. 没有　B. 轻度　C. 中度　D. 严重

6. 你是否一直感到伤心或悲哀（　）

A. 没有　B. 轻度　C. 中度　D. 严重

7. 你是否感到前景渺茫（　）

A. 没有　B. 轻度　C. 中度　D. 严重

8. 你是否觉得自己没有价值或自认为是一个失败者（　）

A. 没有　B. 轻度　C. 中度　D. 严重

9. 你是否觉得力不从心或自叹比不上别人（　）

A. 没有　B. 轻度　C. 中度　D. 严重

10. 你是否对任何事都感到自责（　）

A. 没有　B. 轻度　C. 中度　D. 严重

11. 你是否在做决定时犹豫不决（　）

A. 没有　B. 轻度　C. 中度　D. 严重

12. 这段时间你是否一直处于愤怒和不满状态（　）

A. 没有　B. 轻度　C. 中度　D. 严重

13. 你对事业、家庭、爱好或朋友是否丧失了兴趣（　）

A. 没有　B. 轻度　C. 中度　D. 严重

14. 你是否感到一蹶不振，做事情毫无动力（　）

A. 没有　B. 轻度　C. 中度　D. 严重

15. 你是否以为自己已衰老或失去魅力（　）

A. 没有　B. 轻度　C. 中度　D. 严重

【心理点拨】 上面每题选“没有”得0分，选“轻度”得1分，选“中度”得2分，选“严重”得3分。如果你的得分为0~4分，说明你没有抑郁；如果你的得分为5~10分，说明你偶尔有抑郁情绪，这时需要注意及时防止抑郁的进一步加深；如果你的得分为11~20分，说明你是个有轻度抑郁症患者，这时你就要开始接受治疗了；如果你的得分为21~30分，则说明你有中度抑郁症；如果你的得分为31~45分，则说明你有严重抑郁症。无论是中度还是严重抑郁症患者，你都需要立即到正规医疗机构接受治疗。

是什么让你陷入抑郁的泥潭

12年前，张国荣的纵身一跳给世人留下了很多遗憾和不解。作为一个艺人，张国荣可谓是非常成功的，他不仅拥有大批影迷、歌迷，连娱乐圈的很多艺人都非常敬佩他。这样一个光环闪耀的人，为什么会患上抑郁症呢？

有人猜测是与恋人感情发生问题，有人猜测是拍摄惊悚片《异度空间》入戏太深，有人猜测是工作压力太大，直到最后张国荣的姐姐给出了真正的答案："张国荣的病是因为大脑里面化学物质不平衡，并非是不开心的事导致。"

不错，也许张国荣姐姐给出的病因最接近事实，但这也并不排除还有其他病因，因为抑郁症的病因本来就有很多种。

一是遗传因素。就像张国荣一样，有些抑郁症患者的病因是脑内神经化学物质的分泌出现异常，这种异常来自于遗传基因。但这种观点还只是一种理论，因为同卵双子中，一个患有抑郁症，而另一个却可能没有发病。这一现象表明，基因原因可能只是部分原因，外界的原因，才是导致抑郁症的一个重要原因。

二是成长经历。其实不仅是抑郁症，几乎所有精神疾病，都或多或少地与成长经历有关。具体到抑郁症，这种影响则更为明显，如一个孩子在缺乏爱的环境下长大；或者虽然不缺少爱，但父母关系不和，经常吵闹；或者父母一方或双方有精神疾病倾向（如严重自恋、过度追求完美、经常抑郁等）。由于这些成长经历，孩子会缺乏安全感，经常焦虑，希望把事情做好以博得周围人认可。这些扭曲的心理现象，都可能为未来的抑郁症埋下可怕的种子。

三是理解事物的角度。同样一件事情发生，例如找到一个月薪 5000 元的工作，有的人很高兴，有的人可能反应平淡，有的人可能反而会伤心难过。也许有人会认为，看事物的角度和每个人所处的水平有关系，当这种水平发生变化时，他理解事物的角度也会发生变化。这样说固然有一定的道理，但是有些从小养成固定理念的人，他们对事物的理解已经成为了信念，所以即使在事情很成功的时候，依然会有“我是一个失败者”的感觉。对于这样的人，即便他平时的表现已经很好了，也难以对自己满意。

四是社会文化。每个人都活在各种关系交织在一起的社会中，那么社会对事物的评价，也会影响到个人对自己的评价。例如社会普遍认为女孩瘦一点、苗条一点最美，而你恰好不瘦，恰好不够苗条，那么你的情绪就会变差。

五是刺激事件。在现实生活中，我们经常看到一些人因为考试落榜、失恋、事业失败、亲人去世而突然垮掉，有些人经过短暂的调整之后，又恢复了正常；而有些人就此一蹶不振，陷入了抑郁的泥潭里。

【心理点拨】　在现实生活中，我们经常会看到有些从小在不幸家庭中长大的孩子，长大之后不仅没有抑郁，而且还活得非常阳光；有些长得有点胖的女孩，不仅没有自卑，反而过得很幸福；一对双胞胎兄弟，一个患上了抑郁症，另一个却很健康；一个人经历了很多不幸的失败刺激之后，不仅没有抑郁，反而变得更加积极向上……这种种现象都表明，上面总结的抑郁症病因，只是一种可能性，而非决定性，真正决定我们是否患上抑郁症的还是我们的“内心”，所以要治疗抑郁症，也应该多从我们的“内心”着手。

不要过度关注自己的情绪

抑郁，像浓雾，像泥潭，像恶魔，像枷锁，它夺取了你的快乐，让你活在痛苦无奈的深渊里。面对这样一个阴险的敌人，没有人打算束手就擒。

那么该如何对抑郁进行反击呢？几乎所有抑郁症患者都有过用自我批评和用耻辱感激励自己的经历。其实，有这种做法是非常正常的，毕竟，当你情绪低落时，你做事缺乏动力，这就会影响你的工作，影响你的前途。你曾经是父母、妻儿的骄傲，你不忍心让自己事业的失败，令父母、妻儿失望。

当你情绪低落时，你做事的积极性降低，也会影响到你的收入，而你现在可能正是需要用钱的时候，你需要增加收入来还房贷，来让家人生活得好一些。如果抑郁影响到了你的工作，也会间接影响到你家人的生活质量。

此外，你的抑郁还影响到了周围的人，尤其是影响到了你最爱的亲人，他们因为你的情绪不好，也变得心情焦虑。

因为你的抑郁而对你的整个生活带来这么多负面影响，你自然会产生自责，并试图通过这种自责来激励自己摆脱抑郁。

虽然你的意图可能是好的，你想激励自己做到最好，但是批评、内疚和语言羞辱对你自己没有任何帮助，而且通常让你感到更糟。为什么会适得其反？这是因为抑郁症的主导症状就是缺少快乐。当你陷入抑郁之中时，你就会忍不住过度关注情绪，希望它能够改变。但情绪是自发的，它不会受你的理性命令控制。相反，你过高的期望，反而会成为一种心理负担，进而让你的抑郁进一步加剧。

这就如同失眠一样，当你越是渴望能够尽快睡着时，你就可能会越清醒，睡眠就会离你越远。

所以，一个著名的心理学家说，不要把你的注意力过多地放到你的情绪上，关注情绪本身就是你疾病问题的一部分，它不仅无益于你的治疗，反而把问题搞得更糟。

【心理点拨】 抑郁症所涉及的快乐，和日常生活中你听到一个笑话后的哈哈大笑有所不同。这里所说的快乐，主要是指你的工作的新鲜感、成就感，事业的成功，或者生活幸福感等原因引起的发自内心的快乐。所以，这种快乐不是你坐在屋里靠凭空想象就能快乐起来的，它需要你踏踏实实去行动，去做出一些事情。这就如同一个刚开始做生意的人，生意不好，如果他老是想“我是不是太笨了，我是不是不具备成为一个商人的资格”，他就难以快乐。如果他把全部精力都放到生意上，改变经营策略，热情服务，一旦生意好起来，他的情绪也会随之改变的。

三类人际关系要做好平衡

一个人的情绪与他同周围人的关系有关，如果他能够和周围人相处融洽，有欢笑的时候，能够找人分享一下；悲伤的时候，能够找人倒一下心中的苦水。这样一来，他即使事业、人生有些不顺，也不太可能会患上抑郁症。相反，一个人的人际关系处得一团糟，那么即使他事业、人生还算顺利，他依然可能受到抑郁的困扰。

要处理好人际关系，就要了解人际关系的构成。尽管每个人的人际关系各有不同，但总的来说，每个人的人际关系都可以分为三类：第一类是父母、伴侣和其他至亲；第二类是朋友及其他普通亲戚；第三类是工作上及偶尔结识的一般熟人。

要处理好人际关系，首先需要把握好这三类人际关系的均衡，否则我们的人际关系就可能会不和谐，就可能会影响到我们的情绪。

曾经有一个叫宋一菲的女性抑郁症患者，早年毕业于一所名牌大学，毕业后留在了北京，并和同班同学结了婚。几年之后，丈夫事业小有所成，而宋一菲还没有大的起色。眼看着年龄不小了，他们决定要孩子，经过反复权衡，决定让宋一菲辞职。

孩子刚刚出生时，宋一菲确实非常高兴，经常在 QQ 空间、微信朋友圈晒小孩照片，惹得那些还单身或者还没有要孩子的同学嫉妒不已。但是带小孩确实是一件非常耗费精力的事情，为了照顾孩子，宋一菲大部分时间都待在家里。

辞职之后，渐渐地，不仅同事关系疏远了，基本不怎么联系了，就连昔日的好友也不怎么见面了。平日里，北京的同学偶尔会小聚一下，碰到有外地的同学来北京玩就要大聚一下，之前，宋一菲常常和丈夫一起参加，现在这些聚会再也看不到宋一菲的影子了。偶尔和闺密打个电话，孩子一闹，宋一菲也只好草草挂断，时间久了，电话聊天也就少了。

因为和外界的联系少了，儿子和丈夫就成了宋一菲生活的一切。偶尔一次周末，一个老同学来看望宋一菲，无意中说了一句“你这么快就成黄脸婆了啊”，宋一菲才意识到自己现在的生活是有问题的，一个名牌大学毕业的大学生怎么能这样生活下去呢？从这时起，她开始厌倦这种生活，情绪逐渐抑郁起来，最终患上了抑郁症。

宋一菲之所以患上抑郁症，很大程度上是因为她过度依赖第一类关系，而忽视了第二、第三类关系，人际关系失去了平衡。

听了心理咨询师指出的病因之后，为了缓解宋一菲的抑郁情绪，宋一菲和丈夫商量，把婆婆从老家接来帮忙照看孩子，而宋一菲则找一个相对清闲的工作，这样既可以上班多和别人接触一些，又有一定的业余时间照顾孩子。

除了开始上班之外，宋一菲也开始尝试着参加一些同学聚会。聚会的时候，有时把孩子放在家里让婆婆带，有时把孩子直接带到宴会上，大家一边吃饭，一边逗孩子玩，气氛很是融洽。经过一段时间的调整，久违的微笑再一次爬上了宋一菲那被抑郁占据了很久的脸庞。

【心理点拨】　在人的三类人际关系中，第一类人际关系无疑是最重要的，但另外两个关系也是不容忽视的。生活中有很多因为没有把这种关系处理好而产生抑郁的人，例如有的人和父母、伴侣关系不好，他们就多和朋友在一起。但朋友毕竟不同于亲人，他们可以陪你聊天，陪你哭，陪你闹，但不可能天天陪伴你，因为朋友也有自己的生活，有自己的亲人需要陪伴。于是，当你过度依赖的朋友离开你去陪他们自己家人的时候，你就会感到孤独，甚至感到嫉妒，时间久了，抑郁就会光临你。例如有的人，在失恋之后，在亲人去世之后，在认为伴侣不爱自己时，就感觉世界都黑暗了，活着没有意思了。这种情况也是没有处理好三类人际关系，因为亲人去世，你还有其他亲人，还有其他朋友，有他们在，你的生活依然会五彩缤纷。

不要做被吓坏的小老鼠

抑郁的人是敏感的，别人对自己的评价，哪怕是中立的，甚至是赞扬的，都会经过自己的解读，而理解成为一种对自己的轻视与否定。

显然这种敏感已经到了病态的程度，别人的评价已经控制了你的生活，为了让别人能够正面评价你，你在别人面前谨小慎微、战战兢兢。正如一位患者所说：“现实世界中的我，像是一只被吓坏了的小老鼠。”

造成这种心理的因素很多，外移作用就是其中之一。

那么什么是外移作用呢？简单来说，就是把自己的想法强加在对方身上，想当然地认为对方也具有和自己一样的想法。

曾经有一个家境贫困的学生，有一天在地上看到一颗糖，就顺手弯腰把糖捡了起来。恰好他弯腰捡东西时，被另一个同学看到了。另一个同学问他捡的是什么，贫困学生感觉弯腰捡糖有点丢脸，就没有告诉对方自己捡的是什么。

巧合的是第二天上课的时候，老师对大家说昨天学校里的某位老师丢失了一支非常珍贵的钢笔，谁捡到后希望主动上缴。那位看到这名贫困学生捡东西的同学，认为钢笔是贫困学生捡到的，就把这个情况告诉了老师。

在课堂上，老师追问这名贫困学生。学生犹豫了很久，才嗫嚅地把捡糖的事实说了出来。但是没人相信他捡的是糖，只是认为他捡的是钢笔。

过了几天，听说那位丢钢笔的老师把钢笔找到了，原来他丢在了他经常抽烟的那片花园里。这一下，贫困学生终于松了一口气，认为自己的冤屈终于得以“昭雪”了。然而，不久的一天，他和同学聊天又忍不住提到这件事情，对方突然说：“是不是你瞒不住了，就偷偷把捡到的钢笔放到那片花园里?”

听了这句话，贫困学生感觉五雷轰顶，他知道因为这些要命的巧合，自己无论做什么，说什么，都无济于事了，自己的冤屈是永远无法“昭雪”了。

从此，他变得沉默起来，变得不敢再与学生们交流。只要有学生在一起聊天，他就会非常紧张，认为他们在议论自己捡钢笔那件事。

半个学期结束了，他的抑郁越来越重。为了改变自己的悲惨处境，他软磨硬泡向父母提出到姥姥所在的村读书。然而，转学之后，他的情况并没有好转，因为姥姥所在的村和自己所在村只有 6 里路，而且两个村之间有亲戚关系的人很多，他担心自己的那件“不光彩”的事，也许已经传到了这里。

于是，在新的学校里，他依然不敢和同学们交流。一看到同学们在一起聊天，他就紧张。有时同学在一起聊天，他正好经过，某位同学向他打招呼，他就更加相信他们正在谈论自己的那件“不光彩”的事。那个向自己打招呼的同学，目的并不是向自己打招呼，而是通过这个动作暗示其他同学：“你们瞧，那位捡到别人东西不还的人就是他!”

这位同学越来越抑郁，最后只好到城里接受心理治疗。咨询师知道他的病因是由于外移作用，就鼓励他不要把那件事看得太重，要多想想自己的优点。咨询师发现这名学生个子很高，人也很英俊，就毫不保留地夸赞他。

起初听到表扬，他确实很高兴，但是患有抑郁症的人，常常会选择性地过滤掉积极正面的一面，或者直接把积极正面的一面理解为是假的，这名贫困学生也不例外。离开咨询师之后，他反复琢磨了咨询师的话，开始质疑起来，他认为咨询师的那些话，只不过是为了那几百元的咨询费而违心地安慰自己而已。

要摆脱这种外移作用造成的心理问题，首先你要明白，所谓别人看不起你，所谓别人背后说你坏话，那只是你的主观臆测而已，这仅仅是外移作用在作祟。不错，别人可能确实会偶尔因为某件事议论你一下，但大部分时候，别人有别人的生活，有别人的喜怒哀乐，他们不可能整天把所有的兴趣全放在你身上，你大可不必太过于“自作多情”!

退一步说，即便是大家都喜欢背后议论你，而且天天、时时、处处都在议论你，那又能怎么样呢？套用网络的一句流行语：“讨厌我的人多了，你算老几!”

【心理点拨】 其实外移作用的心理根源还是自己恨自己，自己对某件事无法释怀，无法接受带有你自认为有“污点”的自己。你因某件“不光彩”的事情而逃避与别人交流，你逃避别人，实际上也是逃避自己，你不敢勇敢面对那件令你心痛的事。所以，不是别人没有忘记，恰恰是你把那件事看得太重了，是你自己无法忘记那件事。你要想摆脱这件事对你的影响，你首先要学会接受不完美的自己，接受不完美的过去，历史上有过不光彩的过去后来却功成名就的人很多，例如韩信曾受过胯下之辱，后来却成了一代名将；梁红玉曾经出身红尘，后来却成了抗金英雄。先贤能够如此，你为何不去向他们学习呢？

重新寻找人生的真正意义

曾经有无数的抑郁症患者都抱怨过心中的痛苦与绝望，的确，对于深陷抑郁症之中的人来说，世界是一片黑暗，未来根本看不到任何光明，人生找不到继续活下去的意义。也许，死亡是结束痛苦的最好方式。

曾经有一位老人，一生非常不幸，年轻的时候，他下过乡，当过兵，做过工人，改革开放之后，他开办了自己的企业，最后企业破产了。现在已经进入花甲之年的老人，只能靠微薄的退休金生活。

不仅事业不幸，老人的家庭也特别不幸。多年前，老人唯一的儿子死于一场车祸，而他的老伴也在两年前去世，现在老人成了孤零零的一个人。

生活已经没有任何希望了，活着意味着折磨。他想到了死，但一辈子吃了这么多苦，想着就这样悄无声息地离去，太不值得了。再次创业？他年纪已经很大了，而且他对挣钱已经没有太大乐趣了。

该如何打发余生呢？他最后决定做义工。虽然他年龄已经很大了，但身体依然健康，做些力所能及的善事还是没有问题的。

年轻时在部队里，老人曾经学过理发，于是他买了一套理发工具，开始为老人免费理发。两年多的时间里，老人每月免费为近百位老人理发，从未间断。

不仅帮助别人理发，老人做的善事还有很多。平日里，小区里哪位老人病了，白天子女上班没有时间照顾，只要和老人说一声，老人就义不容辞地提供帮助；哪家家长临时没有时间去接孩子，只要给老人一个电话，老人就会放下手中的活，帮家长接孩子。

通过帮助别人，老人的日子过得非常充实，非常幸福。春节来临时，曾经被老人帮助过的人都在自己家里欢度春节，老人又成了一个人。但老人并不孤独，这既因为那些接受过老人帮助的人，常常会亲自登门，或者通过电话、短信的方式给老人拜年，更因为老人的内心是丰富的。

一个人的时候，他想到的不是自己，而是那些自己曾经帮助过的人：不知道 2 号楼的老李病好些了没？隔壁老张的儿子今年回家过年了吗？年前理发时把老王落下了，现在老王的头发应该很长了吧……

美国思想家爱默生说："人生最美丽的补偿之一，就是人们真诚地帮助别人之后，同时也帮助了自己。"

怎么理解"帮助了自己"呢？它包含多层意思。

首先，一个人多做好事，就会多结善缘，说不定在某个时候，在你遇到困难时，那些受到你帮助的人，也会热情地伸出手帮助你。

其次，一个人经常做善事，心态就会好，待人就会和气，更不会经常为了一些鸡毛蒜皮的小事而与人生气，甚至发生争执、大打出手，那么他的人生就会少一些仇人，多一些朋友；少一些灾难，多一些幸福。

最后，帮助别人，尤其是帮助那些和自己没有亲友关系的人，通过你的帮助，两个本来没有多少关系的人，就有了关系。不仅被帮助者会经常怀念你，你也会忍不住经常想起他，牵挂他。而这种牵挂，则让你与这个世界有了更多的联系，会让你的内心丰富起来，让你变得不那么孤独。

当然，重新寻找人生的意义，方法不仅包括帮助别人，还包括很多种。例如抑郁的崔永元，重走“长征路”；例如某位名气很大的作家，在体验不到写作的乐趣时，开始研究股市，最后写出关于股市的畅销书。

人，只要还活着，在任何状态下都有活着的意义。有一个人一生充满苦难，11 岁就开始做童工，15 岁开始上战场，16 岁就在战场上受重伤，23 岁时双目失明，25 岁时身体瘫痪。这样一个又瞎又瘫痪的人，活着还有什么意义呢？

然而就是这样一个人，却以惊人的毅力，写出震撼世界的文学名著——《钢铁是怎样炼成的》。这个人就是俄国著名作家尼古拉·奥斯特洛夫斯基。在这位身体严重残疾的作家面前，那些整天感叹人生没有意义的人是不是会觉得脸红呢？

【心理点拨】 人生有意义的事情很多，但帮助他人无疑是最普遍的一种。帮助他人除了能够像上文中所说的令你广结善缘之外，还可能让你在心理上有所收获。心理学告诉我们，每个人都有被别人认可的心理需求，你帮助了别人，从别人感激的话语和眼神里，你也就收获到了自己被认可的信息，这会让你的心情变美好，让你感觉到活着是有意义的。

把真实的自我释放出来

2014年8月11日，美国著名喜剧导演、演员罗宾·威廉斯，在家中自缢身亡。消息传开，公众很难相信，这位总是与笑声相连的幽默大师竟然也饱受抑郁症的困扰。

其实，身为幽默大师却患有抑郁症或者有抑郁倾向的人，又何止罗宾·威廉斯一个。地球上最搞笑的人，以前也许是卓别林，现在大概是憨豆先生。不幸的是他俩都是抑郁症患者。在华人圈，以出演搞笑电影而著名的周星驰、以幽默而闻名的主持人崔永元，内心都是抑郁的。

曾经有这样一个段子，一个理发师对一个愁眉苦脸的顾客说："你别这么愁苦，有个著名的喜剧演员来演出，你去看看吧。"顾客回答说："我就是那个喜剧演员。"对于喜剧演员的烦恼，一个演过小丑的著名演员说过："启幕时把欢乐送到你面前，落幕时把孤独留给自己。"

为何这么多喜剧从业人员都身患抑郁症了呢？每个人的情况各有不同，有的人可能本来就身患抑郁，他们尽力以幽默来对抗抑郁；有的人本来可能很正常，他们只是过多地用幽默来对抗抑郁，以至于负面情绪失去了发泄的窗口。

除此之外，还有一个共同的原因，那就是他们在演出中过多地透支了幽默，以至于在生活中失去了对快乐的体验。所以在舞台上非常快乐的他们，在真实的生活中反而是个沉闷的人，是一个缺少快乐的人。例如，曾经有粉丝跟踪过美国著名幽默大师阿尔特·布赫瓦尔德，他们发现独处时的阿尔特·布赫瓦尔德不仅不幽默，还非常抑郁，曾经因为抑郁而两次自杀。

然而，这些喜剧从业人员，大都是名人，而且又是因喜剧而成名的名人，所以他们不敢轻易公开自己有抑郁症的病情，以免自己喜剧明星的形象受损。为了掩盖病情，他们不仅要在舞台上装得很开心，还要在舞台下的一切公开场合把自己的真实情绪隐藏起来。这毫无疑问会加剧他们情绪的恶化，让他们在抑郁的道路上越走越远。

这本书并不是写给喜剧明星看的，但是从这些喜剧明星的抑郁之路中，我们能够看出隐藏真实的自我对情绪的不良影响。

作为普通人，我们应该以此为戒，不要刻意地隐藏自己的情绪。当我们悲伤的时候，当我们想哭的时候，就大声哭出来；当我们想笑的时候，就开怀大笑，把真实的自我尽情地释放出来！

【心理点拨】　哭和笑能够缓解情绪，这是有科学依据的。美国圣保罗大学的一项心理研究发现，眼泪中含有两种非常重要的物质，即脑啡肽复合物和催乳素。这两种物质对人体都有害，通过眼泪排出人体后，人的抑郁情绪会得到缓解，心理压力会得到释放。研究还发现，只有受到情绪影响时，眼泪才含有这两种物质。如果是洋葱刺激等方式流出的眼泪，则没有这两种物质，所以人为刺激的泪水，达不到缓解抑郁的效果。而笑的作用是，它不仅能使膈肌、胸腔、腹部，以及肺脏、肝脏得到锻炼，有利于清除呼吸道异物，还能使面部、臂部、脚部的肌肉得到放松，从而达到消除烦恼、抑郁的目的。

给自己安排一点简单的事情

抑郁会让人逃避现实，避开亲朋好友，活在自己的思想之中。上文已经说过，和失眠一样，你越是关注自己的思想，思想问题就越难以解决。所以，帮助自己脱离抑郁的最好办法是你不要老是盯着遥远的地平线，而要着眼于脚下道路的下一个拐弯。

换句话说，就是请你不要停留在空想上，而是要行动起来，踏踏实实地去做点事情。那么做些什么事情呢?

太复杂的事情并不适合这种状态下的你去做。因为做一件复杂的事情之前，一般人都会有些压力，迟迟不愿意动手。如果是正常人，可以对自己说："振作起来，别再呻吟，继续干下去!"

但是对于患有抑郁症的你来说，这种鼓励方式可能并不太适合。因为强迫你自己做那些令你畏惧或者厌倦的事情，只会加深你的负担，并进而加深你的抑郁。如果最后事情没有成功，你很容易责怪自己意志薄弱，连这么容易的事情都做不成，自己真是无用!

既然复杂的事情并不太适合现在的你，你可以考虑给自己安排一点简单易做的事情。也许你安排的这些事情，在你状态正常时会觉得过于简单，根本都不用安排就可以做，那你也不要介意。例如，下班之后你可以逛逛商店，熨熨衣服，见见朋友，写封信等。

也许你认为上面所举的事情太过于简单了，做没有多大意义，那么你可以选择你认为有意义的事情，并立即去做。只要你去做，你就迈出了对抗抑郁的第一步。

【心理点拨】 给自己安排一点简单的事情，这样做的心理学原理就是转移淡化，把你的关注从抑郁中转移出来，一旦你重新投入你所放弃的活动之中，抑郁症对你的控制就会削弱。当然这是一个渐进的过程，抑郁心情是不可能在一夜之间就烟消云散的，但随着你的长时间坚持，你的状况会得到很大改善。

运动，是抑郁症自救的良方

由于抑郁症患者大都情绪低落，所以他们一般不想活动，不想做任何事情，只喜欢整天发呆，独自静坐，长吁短叹。这时他们会感到人生苦长，无论做什么事都没有意义，这就是抑郁症的“无助感”。

这是一种可怕的恶性循环关系：你越抑郁，就越不愿意动；你越不愿意动，就会越胡思乱想，就会越感到做什么都没有意义，于是你也就会越抑郁。

一般说来，人们是先有思想、情绪，后有行动，所以是前者影响后者。但不断的研究表明，后者也能够影响前者。因此，要治疗抑郁，自然要打破这种恶性的、无休无止的循环，而打破这一循环的方法，就是从让你堕落、让你抑郁的沙发上站起来，运动起来！

只要动起来，就会有利于情绪的改变，但如果运动的方法更科学，更合理，无疑会更加有利于治疗抑郁症。就以最简单的走路为例，走路时如果你能够遵从以下方法，你将得到更多的收获。

因为情绪低落，抑郁症患者走路时常常喜欢弓腰低头，一副残兵败将的架势。这种走路姿势显然是不行的，你要想战胜你的抑郁，即使你情绪不好，你也可以“装作”自己情绪很好，你应该站直，你应该昂首挺胸，你应该像一个从战场上凯旋、正接受皇帝检阅的勇士，你应该有苍天由你擎起、大地任你踩踏的豪迈气势。人的行动能够反过来促进心理变化，当你假装久了，就会形成习惯，那个假装的你就慢慢变成了真实的你，你的情绪也会跟着积极起来。

走路的时候，尤其是只有你一个人走的时候，你的大脑难免会不停地运转。如果是一个正常的人，边走边想一想生活中、工作中的事，做一些反思、总结、规划性的思考，这无疑是非常好的事情。如果你是一名抑郁症患者，你想的可能就不是这些有积极意义的东西了，而是又开始想你静坐时经常想的，诸如人生无意义等消极的事情。如果是这样，你的运动效果自然会打折扣。那么该怎么办呢？一个常用的方法就是把你的思想转移出来，关注一些简单的事情。例如你可以关注你的呼吸，你强迫自己放慢呼吸，当然要适度。你可以数你的呼吸次数，也可以用心感受缓慢呼吸带给你的全身放松。

有的抑郁症患者常常在心理上会放大身体某处的疾病反应，例如有的颈椎病患者老是感觉自己颈椎疼，有些疼痛确实可能是由颈椎病引起的，有些疼痛则常常是患者想象出来的。平日里，只要颈椎部位一有疼痛，他就会认为这是由颈椎病引起的，看来自己的颈椎病又严重了，自己是不是该去医院了？再这样病下去会不会引发更严重的疾病？越这样想，颈椎部位的疼痛就显得越厉害。对于这种抑郁症患者，你在走路时，可以按照缓解颈椎病的方法，不断扭动、拍打颈椎部位，让颈椎得到放松。这样做一方面确实会有利于你器质性疾病的康复，另一方面也会在心理上让你感到你的疾病恢复了，以后自我感觉的疼痛会减少一些。

最后，也是最重要的一条，那就是运动贵在坚持，你最好每天都抽出一段时间来运动一下，如果只活动了一阵子，或者活动了几天，就因为情绪低落或其他乱七八糟的原因放弃了，那么你走出抑郁症泥潭的希望也就会随之落空。

【心理点拨】　运动能够对抗抑郁主要体现在：一是运动能够转移你的感觉，让你从不良的情绪中暂时转移出来，不让情绪向抑郁的深渊里进一步滑落。二是由于长时间不运动，人的血液流动就会缓慢，疲劳就会增加。适量的运动会让血流畅通，疲劳感会随之降低。三是运动可以让你找到快乐的体验，让你发现你原来不知道的运动才能，让你摆脱生活的无助感，让你找回自信，找回人生的乐趣。

其实，你可以这样“吃”掉你的抑郁

我们知道，脑内神经化学物质的分泌出现异常，是导致抑郁症出现的一个重要原因。既然如此，那么我们改变饮食结构，进而影响这些神经物质的分泌，自然也会在一定程度上影响到我们的抑郁情绪。

一般说来，通过饮食来改变抑郁在原则上有如下几条：

一是以高蛋白、高纤维、高热能为主。这是因为抑郁导致的长期失眠，会使你消耗掉大量的能量。此时，你自然需要及时补充营养，以有利于疾病的康复。

二是补充足量的水分。补充水分，能够维持你脏腑的正常需要，润滑肠道，利二便，促进体内有害物质的排泄。

具体到具体食物的挑选上，很多科学研究认为，食物的颜色不同，也会对你的抑郁情绪产生影响。

一是你可以多吃橙色食物。通常情况下，最常见的橙色色素胡萝卜素，是强力的抗氧化物质，它能够减少空气污染对人体造成的伤害，并有抗衰老功效。由于橙色接近光谱中红色的一端，所以橙色食物也有振奋作用。

二是多吃红色食物。红色食物如西红柿、红辣椒、西瓜等，是改善焦虑情绪的天然药物，因为红色食品中含有丰富的β胡萝卜素和番茄红素。除此之外，红色蔬果在视觉上也能给人刺激，让人胃口大开，精神振奋，所以，红色食物也是抑郁症患者的首选。

三是可以多吃黄色食物。黄色的食物能帮助培养正面开朗的心情，增加幽默感，更可以强化消化系统与肝脏，清除血液中的毒素，令皮肤也变得细滑幼嫩。

除此之外，人们还总结出了一些有利于对抗抑郁的具体食物。

一是葡萄柚。葡萄柚可以净化繁杂思绪、提神醒脑，其所含的高量维生素 C 是参与人体制造多巴胺、肾上腺激素等“兴奋”物质的重要成分之一。所以，经常食用葡萄柚，有助于保持好心情。

二是菠菜。大家都知道菠菜中含有大量叶酸，人体如果缺乏叶酸，则会导致精神疾病，包括抑郁症和早老性痴呆等。研究发现，那些无法摄取足够叶酸的人，5 个月后都无法入睡，并产生健忘和焦虑等症状。由此可见，食用菠菜，补充足量的叶酸非常重要。

三是南瓜。南瓜之所以能制造好心情，是因为它富含维生素 B_6 和铁。这两种营养素能帮助身体所储存的血糖转变成葡萄糖，维持脑功能的正常功能，维持人体旺盛精力。

四是大蒜。德国的一项研究发现，吃了大蒜之后，人感觉不易疲倦，焦虑减轻，不容易发怒。所以研究者认为，经常吃大蒜不仅可以防癌抗癌，还有助于抑郁症的预防。

五是全麦面包。最近，中科院生命科学研究院发表的一项研究发现：中国的中老年人群中，维生素 B_1 缺乏与抑郁症密切相关。那么哪些食物含有维生素 B_1 呢？一般认为是全麦面粉，用全麦面粉做成的全麦面包，也就成为补充维生素 B_1 的首选。此外，燕麦、大麦、小米、大黄米、糙米、黑米、高粱米以及红小豆、芸豆、绿豆、蚕豆、豌豆也都是维生素 B_1 的重要来源。

【心理点拨】 由于我们的文化传统中有爱面子、不重视精神疾病等原因，所以很多人即使意识到自己可能患上了抑郁症，但也不愿意轻易到专门的医疗机构去就诊。这种时候，操作比较简单的食物疗法，自然也就成为他们“偷偷”对抗抑郁症的最佳选择。抑郁症属于心理疾病，食物疗法不仅可以调整你大脑中的神经物质的分泌，也可以增强你战胜抑郁症的信心，有了这个信心，可能比食物本身还更有利于抑郁症的恢复。尽管如此，我们也要承认，食物疗法的作用仅仅是预防和调整，如果你的抑郁症已经非常严重，你还是应该到专门的机构去就诊。

顺其自然，接受抑郁的艳丽

抑郁症患者的内心深处常常会有两个声音。

一个声音说："你是痛苦的。"说出这个声音的是情绪。

另一个声音会说："不是的，不是这样，有很多事情并不值得你去为之伤感，生命中还有很多美好的东西，你应该走出去感受世界的美，感受生命的意义。"说出这个声音的是理智。

有些人可能会认为理智终将战胜情绪，实际情况却并非如此，人的理智和情绪是两套系统，尽管会相互影响，却不能相互决定。更常见的情况是，它们是一对势均力敌的对手，当理智和情绪进行较量时，你的痛苦自然是难免的。可以说，基本上每个抑郁症患者，在内心深处都曾经有过理智与情绪斗争带来的痛苦。

既然斗争是痛苦的，是永无止境的，有时候问题又因为你想解决这个问题而存在，而人生又如此苦短，那么你有没有想过既然如此，何不顺其自然一下呢？所谓顺其自然一下，就是不去关注自己的情绪，不去管自己的抑郁症问题，它爱怎么想就由它怎么想好了！

顺其自然，任其自生自灭，看似消极，实际上却有两重重要意义。

一方面，关注情绪本身会加重和放大你的情绪，那么顺其自然了，就是不过度关注情绪了。虽然这样未必能够治疗抑郁症，至少可以让抑郁症不再继续恶化下去。

另一方面，顺其自然，其实也就是接纳抑郁症。抑郁症固然会让你痛苦，但是它也会给你带来意想不到的收获。一般来说，患有抑郁症的人大都比较敏感，对痛苦感受的要比别人深刻，所以也就更容易理解别人的世界和人性。

此外，许多抑郁症患者还具有完美主义倾向，他们的这一倾向会迫使他们以坚强的毅力，近乎固执的执着，不断追求完美，精益求精，为此，他们甚至不惜牺牲掉金钱、名誉、地位，甚至不惜牺牲掉自己的健康和生命。最后，他们中的很多人成了他们所在领域的顶峰，也就是成了被世俗人称为的“天才”，而他们所做的事，被永载史册；他们取得的成就，后人无法超越；他们的作品成了永远的经典。

在古今中外历史上，身患抑郁症的名人真可谓数不胜数。

曾经有一位著名传记作家形容美国总统林肯“他浓浓的抑郁，仿佛要从他身上滴下来”，正是这样一个 20 多岁就患上抑郁症的人，靠着坚强的毅力一步步成了美国总统，并领导北方统一了南方，维护了美国的统一，解放了美国黑奴，他也因此而成为美国最伟大的“三位总统”之一。

其实，身患抑郁症的政治家又岂止林肯一个，那个在第二次世界大战期间经常潇洒地叼着烟斗出没于战场上的丘吉尔，那位曾经为美国创造过“柯立芝繁荣”的著名总统柯立芝，那位因为“水门事件”而遭到弹劾的尼克松，等等，他们都是抑郁症大家庭中的一员。

在文化领域，抑郁症大家庭中的成员更是格外地多，有伟大的哲学家亚里士多德、有悲情画家梵·高，有著名作家海明威，有喜剧演员卓别林、憨豆先生……在国内，有三毛，有徐迟，有顾城，有海子，有张国荣，有崔永元……

【心理点拨】　无数抑郁症名人的事例告诉我们，抑郁症能够促进一个人思想水平的提高，能够造就一个人的成功。然而，这篇文章并不是要鼓励那些健康的人去尝试抑郁，也不是鼓励那些身患抑郁症的人，就此以抑郁自豪，用于活在抑郁之中。因为抑郁毕竟是痛苦的，只有身患抑郁症的人才能真切体验到的一种无奈与绝望。这篇文章的目的是要告诉那些抑郁症患者，抑郁并不可怕，它更像是一朵残败的花，正是它存在的芳香和凄美，让这朵残败之花依然艳丽，依然吸引人。当因为种种原因，你与它不期而遇，请不要怕它，也不要逃避它，否则它会让你痛苦，而你也将失去一次改变自己、提高自己、甚至成为名人的机会。

第二章
拖延症：明明比乌龟快，却输给了乌龟

如有想法就马上去做，不要拖，不要想太多。有时太多的论证、包袱、准备或者使命感，往往是一种漂亮的拖延，心理的自我袒护，是退却的“完美反应”。只是，再完美的退却，远不如一次简单的出击。

——著名演员、“蜀地传说”餐厅创始人任泉

早上6点30分，闹钟准时响起。他醒了，却继续躺着不动。闹钟一直顽固地响着，他只好起身熟练地按下“延后再响”键，继续睡。实际上，现在他已经睡不着了，只是赖在床上不想起来。

7点的时候，闹钟再次响起。他把闹钟关掉，继续躺着。

直到7点30分，他知道再不起床就要迟到了，他才磨磨蹭

蹭地爬起来。等赶到单位，还差几分钟就迟到了。

一天的工作开始了。他并没有立即开始办公，而是打开 QQ，看看有没有好友留言，再浏览一下新闻。有时候新闻页面旁边有有趣的新闻链接，他就会点击进去看一会儿。不知不觉，上午过了一大半，工作却一点儿也没有做。

下午也是如此，他不停地浏览新闻，看微博，刷微信朋友圈，就是不愿意工作。

到了晚上，别的同事都干完工作安心地回家享受家的温馨了，而他常常因为工作没有完成而加班加点。但即使到这个时候，白天的拖延问题还会再一次重复上演。他不停地浏览网页，以至于熬到凌晨，实际上并没有干多少活。

实在太晚了，也太累了，他只好对自己说，今天算了，明天接着干吧！但明天能否真的开始认真干呢？连他自己心里都没底。

这就是一个普通拖延症患者的一天。

有人说，时间是上帝恩赐给人类的最好礼物，但拖延会让这份美好的礼物蒙受损失。大部分拖延症患者都意识到了时间的可贵，并试图摆脱拖延症，但结果并不理想，因为他们缺少一个行之有效的方法。

走近拖延症

如果有人问你：曾经的目标，有没有及时去实现？事到如今，是否无奈地去祭奠？

相信很多人的回答都是肯定的。因为无论你是否愿意承认，在这个世界上，无论是正在求学的学生，还是已经工作的年轻人；无论是事业成功的社会精英，还是贫困落魄的青年，很多人都有拖延症。

既然拖延症如此普遍，那么拖延症到底是什么样呢？

拖延症是指自我调节失败，即在能够预料后果有害的情况下，仍然把计划要做的事情往后推迟的一种行为。拖延症的表现形式有很多种，归纳起来有如下几种：

一是没有自信。因为每次完成任务时都喜欢拖拖拉拉，以至于最后都达不到自己的期望，对自我能力的评估会越来越低。

二是认为“我太忙”。“我一直很忙，所以拖着一直没做。”因为拖着没做，下一件事就真的很忙，没有时间做。这是一个恶性循环。

三是顽固。心里知道应该干，就是不愿意开工。别人催也没有用，心里想准备好了自然会开始做。

四是拖累别人。和别人一起合作做事时，别人急也没有用，自己不到就无法开始，从而影响了整个事情的进展。

五是对抗压力。因为拖拉，很多事情没有做，心里压力很大。为了克服自己的拖延，进行了各种尝试，不仅效果有限，而且增加了心理压力。

六是有受害者心态。明明很简单的事，明明比自己笨的人都做了，而且成功了的事，偏偏自己没有做，更没有做成功。难免有些难受、自责。

七是对自己撒谎。比如“我更想明天做这件事”，或者“有压力我才能做好”，但实际上并非如此。拖拉者的另一个谎言是时间压力会让他们更有创造力，其实这只是他们的感觉而已，他们是在挥霍时间。这一点连他们自己心里都清楚，但是就是不愿意行动。

八是不断找消遣的事儿。每当自己想开始学习或工作时，总想找一点其他的事情来逃避开工，比如看看微信，浏览一下新闻等。

拖延使每个拖延症患者心痛。因为它会阻碍你的事业发展，例如当初和你一起，甚至比你晚几年进公司的人，大都已经进入公司管理层了，而你还在最基层干。

此外，拖延症还搞坏了你的情绪。每天，你都在和自己的拖延习惯做斗争，拖延症让你变得焦虑。你试图摆脱焦虑，但不仅没有成功，反而让你的拖延症变得更加严重，也更加痛苦……

【心理点拨】　拖延症主要有三个类型：逃避型，对所要做的事情没有信心，因为畏惧、逃避而迟迟不肯行动；决心型，即意志不够坚定，没法立即做出行动的决心；鼓励型，他们盼着最后几分钟忙碌带来的快感。拖延症不仅影响工作进度，影响事业发展，还会带来强烈的自责情绪、负罪感，不断的自我否定、贬低，并伴有焦虑症、抑郁症状，所以必须要努力摆脱拖延症。

检测你是不是“拖拉一族”

相信很多人都有拖拉的习惯，但是你究竟有没有患上拖延症？你的拖延症到了什么程度？这都需要进行一次简单的检测。请你认真回答下面的问题。选“是”得1分，选“否”得0分。

1. 做事的时候，你是否经常浏览微博、微信：

是（ ）

否（ ）

2. 你是否不到最后期限，都不愿意开始一项工作：

是（ ）

否（ ）

3. 你是否总是“伪加班”，即白天可做完的事，总是拖到下班后加班做：

是（ ）

否（ ）

4. 你是否办公室里零食一大堆，上班时间经常吃零食：

是（ ）

否（ ）

5. 你是不是没有工作计划，不懂时间管理：

是（ ）

否（ ）

6. 你是不是总认为时间还有，不必着急：

是（ ）

否（ ）

7. 你是不是认为运动减肥对你来说简直是不可能的事情：

是（ ）

否（ ）

8. 你是否懒散，日复一日，总想着明天再做：

是（ ）

否（ ）

9. 每当上司或同事问你工作进度时，你是否经常说“让我再看看”：

是（ ）

否（ ）

10. 任务繁重时，你是不是自我麻痹，认为还来得及，不行就通宵赶工：

是（ ）

否（ ）

11. 处理问题时，你是不是不分主次，忙了半天，最紧要的事没做：

是（ ）

否（ ）

12. 开始做一件事时，你会不会突然想现在先别做这件事，稍后再做：

是（ ）

否（ ）

13. 你工作没有完成，别人催促你，你是不是习以为常，定力十足：

是（ ）

否（ ）

14. 你是不是经常因为时间过于紧迫，而草草交差，以至于被同事或老板责怪：

是（ ）

否（ ）

15. 在你所在的团队里，同事会不会因为你的拖拉而不愿与你合作：

是（ ）

否（ ）

【心理点拨】　1. 如果你的得分在0~4 分之间，说明你是轻度拖延。这个区间，问题并不严重，但你也要当心了，要快点找到原因，力争将拖拉习惯扼杀在萌芽中。

2. 如果你的得分在 5~10 分之间，说明你属于中度拖延。这种状况的你，拖拉可能已经成为你的一种工作习惯，要想改变拖拉习惯，无疑需要一定的时间和耐力。

3. 如果你的得分在 11 分以上，说明你属于重度拖延。这时你首先要做的不仅仅是要改变拖拉习惯，而是要审视自我，审视自己的工作，对自己的职业进行重新定位，努力找到一份能够调动你兴趣、能够发挥你特长的工作。

什么原因引发了拖延症

迪克牛仔这样唱道："有多少爱可以重来，有多少人愿意等待，当懂得珍惜以后归来，却不知那份爱会不会还在?"

现实生活中，有些爱，或许还有可能再回来，但流逝而去的时间却无法倒退，过去的生命也无法重来。

因为职业原因，我接触过很多患拖延症的人，他们既有成功的社会精英，也有贫穷落魄的屌丝；他们从学生到科学家，从秘书到总裁，从家庭主妇到销售员，几乎涵盖了所有类型的人。谈及由拖延症而造成的损失，他们经常说的是："如果不是因为我太懒惰，现在的我将……"

显然，这些人大都把拖延的原因归结为自己的懒惰。这显然是不对的，或者至少说是不深刻的，不全面的，因为引起拖延症的原因是多方面的。

一是由不自信、畏惧、自我贬低而引发的逃避。例如在现实生活中，对于一个数学很差的高中生来说，他宁愿去打扫房间，宁愿干很多无聊的事，就是不愿意去学数学；对于一个有社交恐惧症的人来说，他宁愿一天一天地拖着，也不愿主动给某个人打电话。这些都是因为他们对要做的事情不自信，有挫败感，并进而产生了逃避心理。如果常常不能很好地完成任务，对自己能力的估计会越来越低，即使以后完成好了，也认为是运气，所以更加没有自信，就会更加拖延。

二是追求完美，不愿匆忙开始。完美主义者对任何事要求都很高，要达到一定的水平，他们才愿意行动。为此，他们常常花大量的精力来做周密的计划，却迟迟不愿行动。最后越拖越久，他们的兴趣也降低了，拖延就更严重了。

三是过度自信。就像“龟兔赛跑”中的兔子一样，他们总认为时间还多的是，可以等一等，就这样，在过度自信中，成了输的一方。

四是内心消极、执行力弱。有些人内心不积极上进，做事容易懒散、颓废，觉得什么事都很难做。执行力差，遇到一些意外情况，遇到一些困难，他们常常总是停下来等待，等待别人帮忙解决。

五是外界的原因。例如小时候假如我们的父母及其他身边的人有拖拉的习惯，我们也很容易受他们的影响，养成拖拉的习惯。

六是时代的原因。我们身处一个擅长制造诱惑的时代。精明的商家会根据大家的各种需要，精心制造出各种丰富多彩的诱惑，有房子、车子，各种精致玩意，各种有趣的新闻，QQ、微博、微信等各种新式聊天工具，网游、手游等有趣的游戏，他们不断吸引着我们的眼球，刺激着我们的大脑。我们在薄弱的意志力和精心设计的诱惑之间，在进行一场实力并不对等的战争，在诱惑的重重包围之下，我们的意志力经常丢盔弃甲，节节败退。

【心理点拨】　除了上面的一些原因之外，一些心理学理论还认为，脑部损伤可能会影响到注意力；婴儿时期错误的抚养方式导致了成人后的拖延行为等原因，也可能导致拖延症。由此可见，拖延症的形成原因是复杂的，不能简单地归结为懒惰等恶习，所以，拖延症患者不必过于自责，不必妄自菲薄，应该认真寻找原因，才能真正解决拖延问题。

不让准备工作带来拖延

不久前听到一个很励志的故事，有一个姓张的老师是一个很有抱负的人，为了做成一件事，他准备了整 7 年的时间，最后终于成功了。

当然，动手做一件事情之前做出详尽的计划，进行充分的准备，这是有必要的。但我们也不能不思考另外一个问题：究竟准备工作和拖延之间的界线在哪？就以这位张老师为例，他是否真的需要准备 7 年？如果早几年，甚至就在他决定做这件事的那一年就着手做，是不是早就成功了呢？

现实生活中，会不会有人因为一直停在准备阶段，最后就不了了之地放弃了呢？答案是肯定的，因为我就曾经遇到过这样一个人。

多年前我认识一位知名教授，他研究民国历史多年，一直想写一本关于民国人物的书。我知道他的文笔很不错，这个选题也不错，一旦写出来，一定会有不错的销路。于是，我就鼓励他尽快动笔。

大约一年多后，我再次见到他，问他书写得怎么样了？他有些尴尬地说："还没有动笔。你不知道，我的课很多，空闲时间本来就不太充分。同时，这些民国人物之间也有渊源关系，比如当我打算动笔写黄侃的时候，我想我之前对黄侃的研究太过于泛泛，我要重新研究一下黄侃。研究的过程中，我发现黄侃受恩师章太炎的影响很大，如果不好好研究一下章太炎的思想，就很难深刻理解黄侃的思想轨迹，于是我又开始研究章太炎……"

教授的这个理由看似很充分，实际上是在逃避。因为到今天为止，已经9年过去了，他的那本书还没有真正动笔呢!

在这个世界上，每天会有许许多多人，产生过很多好的想法，但他们并没有去行动，而是在为之"准备"着，最后他们的激情没有了，也就逐渐丧失了去实施的兴趣，结果他们的那些好想法埋葬在了大脑里，埋葬在了时间里。

若干年后，有人用和你一样的想法，取得了很大的成功，而你却依然只是个籍籍无名之辈，这时你一定会很后悔："如果当年我也那样做，现在早就发财了!"但时光已经流逝，机会已经不在，甚至你的两鬓已经斑白，空有一腔悔恨又有何用!

人生最重要的价值，并不在于你"想过什么"，而在于你"取得了什么"，你的荣誉也出于此处。

所以，如果你有了好的想法，在进行过详细周密的思考之后，就不要瞻前顾后地停留在一些并不是非常必要的"准备"工作上。果断行动，可能确实会出现失误，但现实就是这样的：任何人都无法保证让每个生意都成功，让每个作品都成为"艺术"，也不可能每次行动都成功。

退一步说，即便失误给你带来了很大的损失，但在大部分情况下，损失也比不行动要好一些。从这里失败了，还可以从别处挽救回来。因此，人生只有不断行动，才可能取得最后的成功！

【心理点拨】　很多人为何迟迟停留在“准备工作”中呢？除了极个别的真的是因为条件不够成熟之外，大部分人还是有所担忧：我这样做会不会得罪一些人？令一些人不喜欢我？我自己能否做好？要是行动之后失败了呢？所以，担忧才是这些人停留在“准备工作”中的主要原因。

不让完美成为拖延的理由

大山坐在电脑前，两眼无神，心情焦虑，设计部主任上周就要求他做出一份关于进入欧洲市场的产品设计方案，明天就要开会讨论了，但到目前为止，他的设计方案却丝毫没有进展。

和大山同在一个部门的小柳，已经把自己的那份设计方案做出来了，现在正忙着修改。大山对此有些不屑，因为他知道只有大专学历的小柳确实不是干设计的材料，每次设计出来的产品都非常“土”。与其设计成那样，还不如不做，这是大山一直坚持的观点。

直到第二天讨论会开始前半小时，熬了一夜的大山才把自己的设计方案提交了上去。因为仓促完成，很多地方有待商榷，加之缺少充分的市场分析，结果讨论会的最后结果是放弃了大山的方案，而选择了小柳的。

看到小柳的那种低水平方案被接受，看到小柳得意扬扬的表情，想到小柳又因这个方案而获得了 1 万多元的设计提成，自视甚高的大山想死的心都有。

为什么高水平的大山会失败？答案是拖延，是因为过度追求完美而产生的拖延。追求完美可以让自己的工作精益求精，这本来是一件好事，但过度追求完美，就会演变成拖延症。

对于这种演变，哈佛大学心理学教授班夏哈曾经做过解释。他认为，完美主义者会将人生这趟旅程想象成一条笔直的道路，而他们只把焦点放在最终结果上，却不懂得在朝目标前进的过程中，静静地享受旅途的乐趣。

因为过于看重结果，所以他们往往认为所有事情非黑即白，哪怕是小小的失误，也会被认定为失败。因为把结果和失败看得太重，他们会恐惧失败，所以他们会迟迟不肯行动，把很多时间和精力都浪费在准备工作上，还没有开始正式行动，就已经很疲劳了。

那么该如何摆脱由追求完美而产生的拖延呢?

首先你要敢于接受失败。你要知道，世界上没有零失败的成功，每一个成功者在最后登上事业顶峰之前，都曾经经历过无数次失败。例如篮球界曾经的神话级人物迈克尔·乔丹，在赛场上投球失误达九千多次，赛场之外的训练中，失败的次数更是数不胜数。

接受失败的目的，是敢于尝试。例如发明大王爱迪生，他发明灯泡成功之前就失败了六千多次，如果把他一生的发明失败次数统计起来，至少有一万多次。面对别人对他失败次数的采访，他风趣地回答："我不是失败，而是成功发现了一万种无效的方法。"

就以大山为例，如果他能够接受失败，并勇于尝试，那么在产品构思不成熟的时候，他完全可以先设计一个不太成熟的产品，然后在这个不太成熟的产品上进行反复修改。退一步来说，即使最后这个不太成熟的产品最后被发现根本没有任何可用之处，需要推倒重来，那么在修改的过程中，他还是积累了很多东西，这远比他充满焦虑地拖延要强啊！

只有有了行动，一切才有可能。行动起来，即便是不太完美的收获，总也比毫无所获强的多！

所以，对于完美主义者来说，千万不要让追求完美成为拖延的理由，要勇于接受失败，勇于进行尝试，这样你更容易走向成功。

【心理点拨】　尼采曾经说过，无论做什么工作，你都应该相信自己正在做的工作，比其他任何工作都更具魅力、更重要。否则，只要你认为你的这个工作有一点点乌云，那么，它就会逐渐扩散成为无边的黑云。尼采这段话的意思，并不是不让你去追求完美，而是说当你做一件事情时，不要因为不完美而心生动摇，做事不热情，犹犹豫豫，甚至放弃了事。不管事实如何，你都要认为这件事是好的，是值得做的，你都要立即行动，并全力以赴地、充满热情地把它完成。

把大项目拆分为小任务

几年前，我曾经接待过一个咨询者，他叫小东，之前是一名基层公务员，后来感到工作没有前途，就来北京读研，但户口和档案仍留在原单位。

研究生快毕业时，正好他所在的市公安局招警，他非常想进入市局。但难关有很多重，首先是笔试，当时这个职位，有五百多人报名，要在五百多人中考进入围面试所需的前三名，难度很大。

其次，即使能够侥幸通过笔试，面试一关也很难过，因为小东个子又矮又瘦，相貌普通，他对面试没有自信。

再次，过了面试之后，体检又很难过，因为他是近视眼，那个时候考警察是有视力要求的。

最后，即使通过体检，政审提档时也不好办，因为他的户口档案都在原单位。前三关不管有多难，只要肯努力，都是有可能能够突破的。但这一关的主导权不是掌握在小东的手里，而是掌握在原单位领导的手里。而且于情于理，原单位都应该扣押小东的档案。

小东无疑非常想进市局，但笔试、面试、体检、政审这四个难关，像四座大山一样压在他心头。那段时间，他根本无心看书，转眼三个多星期过去了，他买的书才看了几页。

听了小东的叙述之后，我知道，小东也患上了拖延症，引起拖延的原因是他面对的目标太难，太宏大，他根本不知道该从何处着手，以至于产生了恐惧和拖延。

该怎么克服这种恐惧带来的拖延呢？答案就是把大目标拆分为小任务。

具体到小东身上，我提出的解决办法为：虽然你最后的目标是进入市局，但你可以把这个目标拆分为几个阶段，在每一个阶段，你眼里只有一个小任务，只做一件事，接下来的事不要去想，即“当前只看脚下一步”。

小东按照这个意思做了，准备笔试的时候，他就努力不让自己去想面试及后面的事；笔试一结束，他就全力准备面试，不想面试以后的事；面试一结束，他就一边忙着锻炼身体，一边准备给眼睛做手术；体检过后，他就回原单位和相关领导协商，再到市局找人协商，最后户口档案问题终于解决了。

现在，小东已经在市局上班了。

其实，把大项目拆分为小目标的方法适合很多情况，例如，如果你打算写一篇长篇小说，你不必等每章都构思好才动笔，而是要先写出第一章，很多灵感自然会不断涌现，然后一章一章地写下去；如果你想进行一个长途的徒步旅行，你不必为后面的道路而顾虑重重，你要做的就是先走完第一段……

【心理点拨】　对将要做之事的恐惧，是拖延最主要的原因之一。现实中，像小东这样的拖延症很多，他们往往会把事情看成整个森林，认为一下子要解决整个森林，难度太大了，千头万绪，根本不知道从何处着手。但他们却忽略了这样的事实：森林是由一棵棵树木构成的，只要解决了一颗又一颗树木，整个森林自然会被我们解决的。所以，把大目标拆分为小任务的方法，也就是把对解决整个森林的恐惧，转变成为对解决单个树木的自信，有了自信，自然也就不会拖延了。

由过度自信引发的拖延

人生最大的讽刺莫过于兔子输给了乌龟——明明兔子比乌龟跑得快，但就是在众目睽睽之下输给了这个最不起眼的对手。

也许你会认为，“龟兔赛跑”中的那个兔子太蠢了，现实生活中的人绝不会那样。但是情况恰恰相反，现实中的人常常比兔子还要蠢：明明你比某人聪明，而那个人进了名牌大学，你却只读了一所普通大学；明明你的办事能力超过某人，而那个人已经升为主管，而你还在底层奋战；毕业数年之后，很多不起眼的同学都已经有房有车、事业有成了，而你还在过着“月光”的生活。

是什么造成了“乌龟”逆袭？答案就是拖延，由过度自信引起的拖延。

我曾经接触过这样一对双胞胎兄弟。兄弟二人都在读表演专业，弟弟个子比哥哥高，人也比哥哥帅气，头脑也比哥哥灵活一些，显然弟弟将来的事业会比哥哥好很多。

祸不单行，刚刚毕业没有多久，本来条件就差的哥哥又遭遇了一场车祸，不仅双腿截肢，而且脸也被撞面瘫。经过很长一段时间的康复训练，他的手才能像正常人那样活动。

突然的变故让他不仅要告别演艺事业，而且就连普通人能够做的工作，他也做不了。熬过了一段痛苦时期之后，他决定自力更生——捏泥人。

这个时候，他的家庭还很富裕，并不指望他能够用捏泥人挣钱，再说当今这个工业化时代，捏泥人这个职业并不吃香，但家人认为就算不赚钱，也可以让他找件事做，不至于一个人闷出病来。

捏泥人确实是一件很辛苦的活，刚开始干时，他的手上起了很多疱。老的疱破了，新的疱又起来，反反复复。别人提醒他可以戴上手套捏，但为了手感，他拒绝了。

哥哥长期坚持捏泥人，几年之后，水平终于有了很大的进步，泥人也从一开始的歪瓜裂枣，变成了传神俏皮，惟妙惟肖。

开始不断有人向哥哥定泥人，看到生意不错，后来，哥哥就开了一家泥人店，专卖泥人，也能“现捏”，只要几分钟的时间就能捏出客人满意的作品。毫无疑问，哥哥的生意越来越好，不但成功养活了自己，还积蓄了一大笔钱，过上了富足的生活。

而在哥哥辛辛苦苦学习捏泥人的时候，弟弟却在过着安逸的日子，他年轻、英俊，不断有人找他拍戏，所以他认为自己的未来一片美好。即使天天躺着啥事也不干，也注定会比哥哥强。

但不幸的事，弟弟是个拖延症患者。

演艺行业是一个非常残酷、淘汰率非常高的行业，所以有人劝弟弟趁年轻，赶紧提高一下演技。弟弟也希望提高一下演技，但他拖拖拉拉，懒得学习，懒得总结，以至于演技一直没有啥提高。

有人劝弟弟，找机会自己拍作品。他也有些动心，想过一把导演瘾，而且也确实曾经有编剧向他推荐过剧本。他也曾跃跃欲试过，但最后还是没有行动。

当演艺事业开始走下坡路的时候，有人建议他干脆碰到机会自己转行做生意。在演艺圈打拼了几年的弟弟，对演艺圈也有些厌烦了，很想到商界一展拳脚，却迟迟没有行动，他总想再等等。

然而，几年之后，他们父母的生意失败了，家道中落，而弟弟年龄也大了，依然没有成为明星，演技也没啥进步，基本没有剧组找他拍戏了，做生意也没有了本钱。为了糊口，他只好托关系进了当地一家国有企业上班，收入微薄。

后来，为了买房交首付，一贯自负的弟弟被迫开口向哥哥借钱。这一刻，他才知道不知不觉间，他成为了“龟兔赛跑”中的那只愚蠢的兔子。

【心理点拨】　不可否认从理论上来说，由过度自信引发的拖延，很容易克服，只要戒除盲目自信，积极勤奋就可以了。就如“龟兔赛跑”中的兔子，如果他能够意识到危机，即使在乌龟多走一半以上路程时才幡然悔悟，奋起直追，也可以胜过乌龟。但这种拖延的麻烦在于你到底何时才能“幡然悔悟”，很多人的经历告诉我们，只有到了遭遇失败之后，这些人才能“幡然悔悟”，但到这时一切都已经晚了。

立即行动，可以摆脱拖延

有一人从家里带点土特产来北京，想找某个大人物办点事。一下火车，他就想给那个大人物打电话，但考虑到才早上 7 点多，怕那个大人物还没起床，这时打电话不合适。

然后，就等……

8 点多，他想大人物正在吃早饭，打电话不合适。

9 点多，他想大人物刚到单位，会不会在开会，或者在安排其他事情，还是过一会儿再打吧。

10 点多，他想现在打电话，大人物要是同意了，自己赶过去刚好到中午，会不会耽误大人物吃午饭。

11 点多，同上。

12 点多，他想大人物会不会在午睡。

下午 1 点多，他想大人物也许午睡刚醒，精神状态不太好，突然接到我的电话会不会很烦。

2 点多，他想自己坐了一夜火车，又在肯德基坐了大半天，精神状态太差，脸上油乎乎的，还是找个旅馆住下，洗漱一下再去见大人物吧。

3 点多，他一边在找合适的宾馆，一边在想着打电话的事情。

4点多，好不容易找好旅馆，洗漱完毕，发现很晚了。他想大人物晚上可能有饭局，现在过去，大人物要下班了，要是有饭局，岂不是非常尴尬。

6点到8点，他想领导的饭局应该正在进行中。

8点以后，他想饭局应该结束了，大人物会不会喝多了。大人物应酬了一天刚到家想休息一下，自己突然打搅，是不是会令大人物心烦。干脆明天再打吧。

就这样，一天过去了。

也许你会感觉这个人太过于懦弱无能，实际上并非如此，这个人在当地某医院还是一位小领导，在当地颇有些名气与影响呢！

那么为何他这一次表现得如此奇葩？这是因为他患上了拖延症，而引起这种拖延症的原因是恐惧，他被恐惧占据了心灵。

要怎么来克服这种由恐惧而引发的拖延呢？答案就是“立即行动”。

那天晚上，被恐惧、焦虑折磨了一天的这个人，打电话向一位作家朋友求助。作家告诉他，明天上午10点，你啥都不要想，直接拨打电话。果然，第二天他那样做了，最后一切问题都顺利解决了。

古今中外，无数个人的成功经验已经验证了一个真理，克服恐惧的最好良药是行动。所以，当你暗恋一个女孩很久而不敢表白时，当你要上门向陌生人推销东西时而在门外徘徊不敢敲门时……你要做的，不是反复分析，反复权衡，而是立即行动！

【心理点拨】　我们知道恐惧会引发拖延，反过来拖延也会引发恐惧，并进一步放大心中的恐惧。就以上文的那个人为例，在这个漫长的拖延、等待过程中，本来只像一点小树苗一样微弱的恐惧，开始缓慢成长，最后成了参天大树。所以，当拖延产生时就立即行动，就可以防治恐惧在心头的放大，因为行动一旦开始，信心就会重新回来，恐惧就会立即逃遁！

BINGMO XINLI XUE

病魔心理学

治愈导致你内心不安的 11 种病症

第三章

焦虑症：不懂管理焦虑的人会过早去世

我愿意用我的双手处理你们的事情，可是不想把它们带到我的肝里和肺里。

——法国哲学家蒙泰格当选市长时语

有一个出身显赫的年轻人，年轻时因为一时之气而漂洋过海去了美国。在美国期间，他本来过得挺好，后来却因为一时愤怒失手打伤了一个同事而锒铛入狱。在阴暗潮湿的监狱里，他孤独无助，经常回忆儿时的往事，这更加勾起了他对家乡和亲人的思念。

突然有一天，他听说日本发动了侵华战争，从此他变得格外焦虑。又过了一段时间，他听说他生活的北京城沦陷了。他瞬间崩溃了，他想到自己家那豪华气派的府邸一定会引起日军的注意。如果日军到了自己家提出一些不合理的要求，自己那倔强的父亲绝对不会答应，那将会怎么样？如果父亲不幸遇难，性格软弱的母亲会怎么样？美丽的妹妹会不会遭到日军的凌辱……

实际上，他完全没有必要为远在北京的家人忧虑，因为早在战前，一家人就迁到云南去了。但他并不知道这一切，他陷入了无穷的焦虑之中，一周之后，他就在焦虑中去世了。

其实，抗日战争时期像这个年轻人一样因为中国遭到日寇入侵而陷入焦虑的人很多，例如出任驻美大使的胡适，在听闻汉口沦陷后，他万分焦虑，导致他的心脏病第一次发作；在听闻广州沦陷后，他知道中国彻底失去了出海口，他再次充满焦虑，第二次心脏病发作。这两次心脏病发作，为他最后因为心脏病而逝埋下了隐患。

由上面两个事例可以看出，担忧不仅会让你备受折磨，还会诱发心脏病、糖尿病等各种疾病。所以有人说，不懂得管理焦虑的人，会过早地去世。

走近焦虑症

在古代，残忍的将军要折磨他的俘虏，常常会让人把俘虏的手脚捆绑起来，放在一个不停往下滴水的水袋下面。

水袋里的水不停地往下滴，起初还不觉得有什么可怕，但持续很久之后，对受害人来说，那每一次滴水都如同有人用锤子敲击自己，他会变得紧张、焦虑，最后导致精神失常。

焦虑症就像那不停往下滴的水，它先是影响到你的情绪，进而影响到你的生理反应，最后终于把你彻底击垮。

首先，表现在情绪方面。患者感到有某种危机会降临，而持续性或者发作性地出现莫名其妙的恐惧、害怕和紧张不安。有时还伴有抑郁的症状，对现状和未来生活缺乏信心和乐趣。有时候容易激动，情绪失去平衡，经常无故发怒，与他人争吵。

其次，当患者跌入焦虑的泥潭时，其生理方面也有很大反应。在心血管系统方面，会出现心悸、心跳过快、胸部不适等症状；在呼吸系统方面，会出现呼吸困难、呼吸急促等症状；在消化系统方面，会出现口干、吞咽困难、上腹不适等症状；在神经系统方面，会出现头痛、头昏、眩晕等症状。此外，焦虑症还会引起手心出汗、全身发抖、失眠、尿频等多种症状。

再次，表现为运动性不安症状。主要表现为不能静坐、反复搓手、来回走动，也可能表现为嘴角、面部肌肉或手指等部位颤抖。

最后，焦虑症患者还会表现得比较敏感，对于外界的刺激，例如光、噪声等，反应较大；容易激怒，常常会为了一点小事，而大发脾气。

一般说来，焦虑症不会影响到患者的个体意识、思维、感知和语言表达能力，但焦虑症到达一定程度，则可能会出现短暂的错觉、强迫冲动、短暂的恍惚、意志崩溃等反应。

焦虑会让人活着，却比死亡更难受，所以有人说，焦虑可以把天堂变成地狱。

【心理点拨】 作为一种情绪，焦虑是人们面对某种威胁或者预料会有某种不良结果时，而产生的一种担忧、紧张的心理反应。这种情绪反应本来是正常的，它固然会让你难受，但有的时候也是促使你重视某个问题，未雨绸缪，让你更容易成功。但如果这种情绪持续时间过长，且程度上超出了一定的范围，以至于影响到正常的工作与生活，则可以认为是患上了焦虑症。

检测一下你的焦虑程度

焦虑情绪与焦虑症的区别主要表现为焦虑的程度不同，那么如何判定你的焦虑程度呢？请根据你最近一段时间的表现，认真回答下列问题：

1. 焦虑时，你会不会坐立不安，心惊肉跳（　）

A. 没有或很少有　B. 偶尔有　C. 相当一部分时间有　D. 绝大部分或者全部有

2. 焦虑时，你会不会心跳加速，胸闷气短（　）

A. 没有或很少有　B. 偶尔有　C. 相当一部分时间有　D. 绝大部分或者全部有

3. 你会不会觉得心里烦乱或者害怕（　）

A. 没有或很少有　B. 偶尔有　C. 相当一部分时间有　D. 绝大部分或者全部有

4. 你会不会觉得着急得可能要发疯（　）

A. 没有或很少有　B. 偶尔有　C. 相当一部分时间有　D. 绝大部分或者全部有

5. 你觉得一切都不太好，可能会发生什么不幸（　）

A. 没有或很少有　B. 偶尔有　C. 相当一部分时间有　D. 绝

大部分或者全部有

6. 没有人陪伴时，你会不会焦虑（ ）

A. 没有或很少有　B. 偶尔有　C. 相当一部分时间有　D. 绝大部分或者全部有

7. 你会不会经常想一些最糟糕的事（ ）

A. 没有或很少有　B. 偶尔有　C. 相当一部分时间有　D. 绝大部分或者全部有

8. 你会不会担心某些可怕的事情发生（ ）

A. 没有或很少有　B. 偶尔有　C. 相当一部分时间有　D. 绝大部分或者全部有

9. 你会不会关注事情的消极方面（ ）

A. 没有或很少有　B. 偶尔有　C. 相当一部分时间有　D. 绝大部分或者全部有

10. 一次焦虑会不会带来一连串的焦虑（ ）

A. 没有或很少有　B. 偶尔有　C. 相当一部分时间有　D. 绝大部分或者全部有

11. 焦虑时，你会不会钻牛角尖（ ）

A. 没有或很少有　B. 偶尔有　C. 相当一部分时间有　D. 绝大部分或者全部有

12. 你是不是一个追求完美的人（ ）

A. 没有或很少有　B. 偶尔有　C. 相当一部分时间有　D. 绝

大部分或者全部有

13. 表现得不好，你会不会感到焦虑（ ）

A. 没有或很少有　B. 偶尔有　C. 相当一部分时间有　D. 绝大部分或者全部有

14. 你能否控制自己的情绪（ ）

A. 没有或很少有　B. 偶尔有　C. 相当一部分时间有　D. 绝大部分或者全部有

15. 你是否时刻保持警惕（ ）

A. 没有或很少有　B. 偶尔有　C. 相当一部分时间有　D. 绝大部分或者全部有

16. 你是否很谨慎，即便是在休息或者娱乐时（ ）

A. 没有或很少有　B. 偶尔有　C. 相当一部分时间有　D. 绝大部分或者全部有

17. 你是否希望最好所有的事情都在你的预料之中（ ）

A. 没有或很少有　B. 偶尔有　C. 相当一部分时间有　D. 绝大部分或者全部有

18. 焦虑有没有使你失眠（ ）

A. 没有或很少有　B. 偶尔有　C. 相当一部分时间有　D. 绝大部分或者全部有

19. 焦虑是否已经影响到你的生活（ ）

A. 没有或很少有　B. 偶尔有　C. 相当一部分时间有　D. 绝

大部分或者全部有

20. 你是否尽量避免做让你感到焦虑的事（ ）

A. 没有或很少有　B. 偶尔有　C. 相当一部分时间有　D. 绝大部分或者全部有

【心理点拨】　以上测试，选 A 得 1 分，选 B 得 2 分，选 C 得 3 分，选 D 得 4 分。50 分是个分界值，50 分以下，说明你没有焦虑症；50~59 分，说明你有轻度焦虑；60~69 分，说明你有中度焦虑；70 分以上，说明你有重度焦虑。

是什么让你患上了焦虑症

一天清晨，死神向一座城市走去。一个人遇到了他，胆怯地问他："你来这里做什么？"

死神回答："我要带走 100 个人。"

听到这个消息后，这个人立即跑回城里提醒大家：死神来了，他要带走 100 个人。

晚上，这个人遇到了即将离开的死神。他问："你不是说要带走 100 个人吗？为什么这座城市却死了 1000 个人。"

死神回答："我照我的话做了，我只带走了 100 个人，而焦虑则带走了其他的人。"

这虽然是一则虚构的寓言故事，它却清楚地告诉我们，焦虑比死神更可怕。那么是什么造成了我们的焦虑呢？

一是遗传和生理因素。研究发现，焦虑症有家族聚集性，这种有焦虑遗传倾向的人，在不良的社会环境下，更容易引发焦虑。在生理方面，焦虑症的病因主要包括甲状腺素、肾上腺素等化学物质的分泌异常。

二是早年成长历程。如果早年曾经经历过一些负面事件，诸如遭遇强暴、受虐等事件，这会在患者心中留下阴影，可能会影响患者的思维方式和情绪反应，进而容易引发焦虑症。

三是外界环境。随着社会经济生活的快速发展，我们生活的节奏不断加快，竞争也越来越激烈，再加上居住环境的嘈杂，人际关系的复杂，都会使人的情绪长期处于紧张、焦虑状态。

四是个人自身原因。生活在复杂多变的社会中，每个人都可能会遇到焦虑。但有的人可以通过个人调节，很快摆脱焦虑的困扰。但有的人，诸如有神经质人格、依赖性人格、强迫性人格、回避型人格等人格障碍的人，会因为自身原因，而陷入焦虑无法自拔，从而导致抑郁。

五是应激性事件，也是最直接的因素。就像文章开头人们知道“死神来了”一样，生活中的各种天灾人祸，各种危险性、危害性事件和各种重大失败，都可能会直接引发人的紧张、焦虑等情绪。

【心理点拨】 因为个人自身原因导致的焦虑，主要是因为他们敏感、多疑，通常倾向于把模棱两可，甚至是良性信息，解读为危机的先兆，更倾向于预感坏事情会落到自己头上，更倾向于相信失败正在前方等待自己，相信未来是可怕的，未来的情况会越来越糟糕。出于对未来的担忧，他们特别容易焦虑。

消除焦虑情绪的万能公式

有一个叫卡瑞尔的年轻人，曾经在纽约的一家铸造厂工作。一次他奉命要为一家玻璃公司安装一台价值几百万美元的瓦斯清洗机，以清除瓦斯中的杂质，避免在瓦斯燃烧中伤到机器引擎。

虽然这种瓦斯清洗方式之前有过尝试，但这次安装面临的情况大有不同，在安装的过程中，他遇到了很多种意外的情况。最后机器终于勉强安装成功了，但运转的效果远不如保证的那样好。

几百万美元一台的机器，结果出现了这种情况，卡瑞尔感到非常紧张，非常焦虑，他自己后来形容说："那时的感觉就像有人在我头上重重地打了一拳，我的整个胃和肚子开始扭痛起来。好一阵子，我焦虑得无法入眠。"问题还没有解决，自己却逐渐垮了下去，这种现状更加加重了卡瑞尔的焦虑。最后，他终于想清楚了，焦虑不能够帮助解决问题，自己必须停止焦虑。那么该如何停止焦虑呢？卡瑞尔采取了三个步骤。

第一步，勇敢、诚恳地分析自己的现状，然后搞清楚最坏的结果是什么？卡瑞尔明白，即使机器安装的再糟糕，也只是经济损失问题，并不会有人把自己关起来，更不会有人把自己枪毙。那么最坏的情况主要是两个：一个是承认机器安装失败，机器重新拆除，造成两万美元的安装、拆除费用；二是自己因为安装机器失败而失业。

第二步，想到最坏的结果之后，让自己接受它。卡瑞尔对自己说，即使老板亏损两万美元，也没有什么，毕竟这种清洗方式还属于尝试阶段，可以把这笔费用算作实验费用。至于自己，如果失业了，还可以到另外一个地方找到一个工作。

第三步，弄清楚并接受了最坏的情况之后，卡瑞尔的心理压力消失了，焦虑缓解了，他开始怀着平静的心情，投入全部时间和精力，去解决问题。

经过反复研究之后，卡瑞尔发现，只要再多花 5 千美元，加装一些设备之后，问题就可以妥善解决了。

三个步骤，摆脱焦虑，解决问题。卡瑞尔的这个方法，后来被著名成功学家卡耐基形容为消除焦虑的“万能公式”。

这个“万能公式”操作很简单，就是在遇到令你焦虑的情况时，你先问自己可能发生的最坏情况是什么？既然不可避免，就在心理上接受这个可能的最坏结果。接受了最坏的情况之后，心里会放松下来，这时去平静地、全身心地解决你面临的问题。

【心理点拨】 为什么情绪平静的时候才更容易解决问题呢？这是因为焦虑不仅会对我们的情绪、身体等诸多方面带来伤害，还会摧毁我们集中精神的能力。一旦焦虑，我们就会丧失信心，就会胡思乱想，根本无法把精力集中到要解决的问题上。

生活在今天的密封舱中

有个人在事业遭遇失败之后患上了焦虑症。一天他在路上走着走着，突然就昏倒了，从此以后就不能走路了。后来，他向人描述了他的这段经历："我只能躺在床上，全身都烂了，当伤口不断地向里溃烂时，我连躺在床上也受不了。"

一段时间之后，医生告诉他只有两个星期的寿命了。他非常悲伤，却又无可奈何。他伤心地写好遗嘱，静静地躺在床上，等待着那一个"神圣"时刻的到来。

既然已经要死了，还何必为生意的失败、为糟糕的明天、为周围人的嘲笑而焦虑呢？有了这样的想法之后，他心中的挣扎和焦虑反而没有了，他的身心完全放松了下来。

以前焦虑的时候每夜连两个小时都睡不了，现在他睡得像孩子一样安稳。他的胃口也开始恢复了，体重也开始增加了。几个星期之后，那个"神圣"的时刻不仅没有带来，他反而能下床走路，并很快康复了。

这次患病、走向死亡和奇迹康复的经历，给这个人带来了很大启发，他认识到生命就是在生活里，就在每一天和每一刻里，我不应该为不确定的明天而担忧。从此，他不再忧虑，认真活在当下，几年之后他重新成为一名非常成功的企业家。

这个年轻人的感悟，总结为一句话就是“活在当下”。为了更好地理解“活在当下”，你可以把自己想象成为一艘巨轮。在巨轮的舵室里，船长按下一个按钮，轮船立即发出一阵轰鸣声，接着巨轮的几个部分被彼此隔绝开来——分成了几个完全封闭防水的隔水舱。

你也可以像那个船长一样，按下一个按钮，隔断已经逝去的昨日，不要为过去的成败而烦恼；你还可以按下一个按钮，用来隔断未来，不要为那些尚未到来的明天而担忧。

你生活在“只有今天的密封舱”里，过去和未来都和你暂时没有关系了，你的眼里只有今天，只有当下，你的全部精力都沉浸在当下所做的事情之中，你自然也就不会焦虑了。

【心理点拨】 活在当下，是不是要求我们不要憧憬明天，是不是要求我们不为明天而努力呢？当然不是。要想有一个美好的明天，最好的方法是将今天你所有的智慧和热情集中起来，努力将今日的工作做好，做到尽善尽美，这才是迎接明天的最好方式。

找到自己值得庆幸的地方

艾伯特是一位爱焦虑的人，无论做什么事，他总是担心将来会糟糕，于是他的生活也总是像他担心的那样非常糟糕。

没有了更好的事情可以做时，他开了一家杂货店。杂货店的生意很不好，为了扭转生意，他把所有积蓄都投资了进去，并且还借了一笔债。对他来说，这笔债数目不小，因为他用了 7 年的时间才全部还清。

杂货店刚刚关门的时候，他非常焦虑，不知道自己的将来会是一个什么样子。他想先到当地的工矿银行借点钱，然后到堪萨斯城碰碰运气。

他对即将要去的堪萨斯城之旅也并不看好，他充满焦虑垂头丧气地在大街上走着，这时迎面过来一个没有腿的人。他坐在一个小小的木板平台上，下面装着从滑轮上拆下来的轮子。他的两只手抓住两片木头，撑着地让自己向前滑行。

过了街之后，没腿的人要翘起木板，爬上有几英寸高的人行道。就在这时，他的目光和正在观察他的艾伯特的目光碰到了一起。他咧嘴笑了一下，对艾伯特说："你早啊，先生，今天天气真的很好，不是吗？"

他笑得是那么开心，他的微笑像一把锋利的匕首，一下子刺进了艾伯特那焦虑颓废的心脏。刺得是那么深，那么痛！一个没有腿的人，尚且能够活得那么自信，那么阳光。我这样一个有双腿的、能跑能跳的人，有什么资格这么消极颓废呢？

艾伯特感到很惭愧，他暗暗告诉自己，自己虽然事业失败了，但自己还拥有两条腿，拥有健康的身体，和那个没有腿的人相比，我应该感到庆幸！

于是，艾伯特振作起来，昂首挺胸地走进了工矿银行。本来他打算问一下工作人员，他能否借到 100 美元，现在他直接充满自信地对对方说，他要借 200 美元。本来他是想到堪萨斯碰碰运气，试一下看能否找到一份工作。现在他则自信地告诉别人，直接要到堪萨斯城找一份工作。

事情的结果也是可以预见的，他成功地借到了 200 美元，也找到了一份不错的工作。

有人说，无论多么糟糕的处境，你都可以在前面加一个“幸好”：你炒股票失败了，赔了很多钱，你应该感到庆幸，因为你没有像某个人那样借钱炒股，结果连借的钱都赔进去了。即使你也借钱炒股了，结果欠了朋友 10 万元，那么你可以庆幸幸好只欠 10 万元，而不是 100 万元，自己努力几年，就可以把这笔欠款还清。即便是你欠的债远不止 10 万元，短时期内很难还清，你依然可以感到庆幸，幸好你的身体还很健康，未来的路还很长，你还有足够的时间挣出这笔钱。

不管在什么时候，我们都可以找到值得庆幸的地方。既然我们还有值得庆幸的地方，既然有的人比我们还惨，那么我们又为何要为自己的现状和明天而焦虑呢？

【心理点拨】　伟大的哲学家叔本华说：“我们很少想到自己所拥有的，却时刻想起自己所没有的。”这正是我们焦虑的根源所在，也是人类的悲剧所在，它带给我们的痛苦可能比历史上的所有战争和所有疾病还要多。所以，要想摆脱焦虑，摆脱悲剧的命运，我们就应该多考虑一下自己拥有的值得庆幸的事，而不要过多地关注自己的烦恼。

良好的习惯可以摆脱焦虑

不仅成功来自于习惯，疾病也来自习惯。著名心理学专家威廉·山德尔，就通过改变习惯治好了一个人的心理疾病。

一天，一位非常紧张不安，面临精神崩溃的中年人，找到了山德尔。聊了一会儿之后，山德尔知道眼前的这个人是芝加哥一家大公司的高级主管，因为工作压力太、任务重而患上了焦虑症。

聊天的过程中，山德尔问得很详细，他很快知道眼前的这名高级主管的办公室里有三张办公桌，每个办公桌上都堆满各种文件。他把所有的时间都投入到工作当中去，但老是感觉有做不完的工作。

在与山德尔谈话之后，这名主管回到公司的第一件事就是把办公室内的另外两个办公桌搬出去，只留下一张办公桌。同时，把桌子上的文件都清理掉，桌子上基本不留什么文件。有文件过来，就立即处理，来一件，处理一件。

于是，再也没有堆积如山的文件威胁他了，他的焦虑感明显降低了，他的工作渐渐有了起色，他的精神面貌和身体状况也都有了大的改观。

当然，能够帮助我们摆脱焦虑的良好习惯，不仅仅有清理办公桌这一条，还包括根据事情的轻重缓急来安排自己的工作顺序；遇到复杂问题时，当机立断；学会放权，分层负责和监督；等等。

所有这些方法的原理都是类似的，即建立秩序，消除心理压力，避免焦虑，这样才能安心工作。

【心理点拨】　改变工作习惯就可以治疗焦虑症真的有如此神奇吗？答案是肯定的。如果你的桌子上堆满了信件、报告、备忘录之类的东西，这就会让你感到仿佛有无数的事情需要你做，而你又没有时间做，根本做不完。有了这个感觉之后，你会忍不住紧张、焦虑。这种情绪还可能会让你患上高血压、心脏病、胃溃疡等疾病。生理上的疾病，反过来又会进一步加重你的焦虑。改变工作习惯之后，工作的压力感消失了，焦虑感自然也会随之消失。

设置“到此为止”的底线

人们常说，经历了风雨才能见到彩虹。但现实情况是，经历了风雨，你可能确实能够见到彩虹，也可能见不到彩虹。既然成功是不可预知的，那么当你在风雨中孤独、痛苦地坚持的时候，你就可能会因为不知道最终的结果是什么而担忧，而焦虑。这个时候，你该怎么办呢?

多年前，一个名叫查尔斯·罗伯茨的年轻人，带着朋友委托给他用来炒股的两万美元，来到了纽约。当时罗伯茨自我感觉对股票市场已经很了解，所以炒股时胆量很大，结果很快就把两万美元赔光了。

罗伯茨非常难过，非常焦虑，如果是自己的钱，赔光了，他倒也不是非常在乎，但是这是朋友的钱，该如何向朋友交代呢?

幸好朋友比较乐观，并没有特别生气，这才让罗伯茨心里好受一些。但这次失败给他的打击很大，他决定再次进入股市之前，需要认真研究一下股票市场到底是怎么回事。为此，他找到了一位著名的股票专业人士卡瑟斯，并和他成了朋友。

了解了罗伯茨的之前炒股的情况之后，卡瑟斯说出了自己从事股票交易的一个重要原则。他说：“我在市场上所买的每一支股票，都有一个到此为止，不能再赔的最低标准。比方说，我买的是每股 50 美元的股票，我马上规定不能再赔的最低标准是 45 美元。也就是说，万一股票大跌价，跌倒比买进价低 5 元的时候，我就会立刻卖出去。这样就可以把损失限制在 5 元以内。"

看到有些疑惑的罗伯茨，卡瑟斯进一步解释说："如果你选股的时候很聪明的话，你的盈利平均大概在 10 美元、25 美元，有时甚至会有 50 美元。所以，如果你把损失限制在 5 美元以内，那么即使你的股票半数以上赔钱，你依然是可以赚很多钱的。"

听了卡瑟斯的话之后，罗伯茨大有醍醐灌顶的感觉，他运用这个方法，很快在股票上赚到了钱。

过了一段时间，他突然发现这个"到此为止"的原则，不仅可以用于股市，还可以用在其他很多方面。这样不仅可以提高效率，还可以制止焦虑。

例如他有一个朋友约会常常迟到，让他一等就是大半天，这让罗伯茨每次约会时都会有些焦虑，因为他根本无法确定要等对方多久。他决定把"到此为止"的原则，运用到这里，他就告诉那个朋友："以后约会等你的时间限制为 10 分钟，10 分钟之后你再不出现，我就不再等你。"

运用这个标准之后，有时候确实显得不近人情，但它确实改变了对方约会老是迟到的习惯，也减轻了自己的焦虑。

不仅炒股、约会，很多其他事情，你都可以为自己制定一个"到此为止"的底线。

例如你投资一个项目，前期投入了很多资金，你却不知道前途如何，你会担心会不会把自己的积蓄全部投进去，也无法取得成功？这个项目如果失败，会不会令自己负债累累？想到这些问题，你就会忍不住的担忧，忍不住的焦虑。

你该怎么办呢？那就是为这个项目设定一个底线，例如只投资到100万元。一旦到达这个底线，无论如何你都要让这个项目停下来。

有了这个底线之后，你就会知道，你不会赔得一贫如洗，或者负债累累，你可能遭遇的最大损失就是100万元。既然最大的损失已经是确定的了，那么还何必为此而担忧焦虑呢？

【心理点拨】 心理学有个重要结论，那就是恐惧源于未知。给最糟糕的情况设定一个“到此为止”的底线，实际上也就是让令你恐惧的东西由“未知”变成了“可知”。既然“可知”了，你也就不会那么恐惧了。你不再恐惧了，焦虑感自然也会烟消云散。

不要为金钱多少而焦虑

如果你生活在北京，你的工资每月只有 2000 多元。如果你没有其他收入，可以想象你一定过得异常艰难。你可能会想，如果我的收入每月能够有 5000 元，我就不会为金钱而发愁了。实际上，那些每月收入达到 5000 元的人，也在为金钱而发愁，因为这个收入也就是勉强满足吃住，距离买房、结婚、抚养孩子还非常遥远。

如果你的收入达到每月 1 万元，或者更多的时候，你是不是就可以摆脱对金钱的烦恼和焦虑呢？答案是不能。一个多年从事理财工作，从年收入2.5万元到 500 万元的人，他都曾经给他们做过理财。对于人们对金钱的烦恼，他如此说："对于大多数人来说，多赚一点钱，并不能减轻他们对金钱的烦恼。"因为你的收入增加后，你的开支也会随之提高，你的需求似乎永远无法满足。

所以，这位理财从业人员说，在北京，至少有 70%的人在为金钱而烦恼焦虑。其实，又何止北京，在今天市场经济的中国，生活在任何一个地方的人，都难免会为金钱而烦恼焦虑。

那么该如何摆脱对金钱的焦虑呢？一些比较好的做法，可以值得我们参考。

首先，把每天的支出记下来。例如英国作家班尼特，年轻时就立志成为一名作家，但是当时他很穷，经济压力很大。最后他决定把每天的消费支出都记录下来，看看自己有限的钱都花在了什么地方。通过这种方法，他不仅降低了开支，还对自己每天的支出都能做到心里有数，这样他的焦虑感自然也就会降低了。

其次，为自己拟定一个合理的预算。预算的目的不是尽可能地压低你的支出，而是给你物质安全感。假如你是一名“月光族”，常常会为月底经济的拮据而焦虑；假如你是个紧紧巴巴过日子的家庭主妇，常常会为突然增加的开销而担忧；假如你已经很富了，但你总担心自己会不会因为过度消费，而让自己有一天突然变得贫穷……不管你属于哪种情况，只要你有了合理的预算，那么每月你收入多少，开支多少，结余多少，一切都在你的计划之中，一切都在你的掌控之中，那么你还有什么值得担心焦虑的呢?

最后，你还可以考虑增加一些外快。对于很多家庭来说，无论你的预算如何精确，但你依然会发现许多开支无法弥补，因为你的收入确实不够高。毫无疑问，这种入不敷出的状况会增加你的焦虑。而解决这种焦虑的办法，就是增加开支。生活在高度现代化的今天，挣外快的机会很多，你可以在下班的时候到街上摆摊，可以在网上做兼职，等等。只要你停止抱怨，开始行动，就会有相应的回报。

【心理点拨】 不可否认，无论我们如何合理制定预算，无论我们如何想尽办法来增加开支，我们的金钱状况可能依然无法令我们感到满意。这个时候，消除对金钱焦虑的办法就是要学会原谅自己，宽恕自己。正如古罗马哲学家塞尼加所说，人的欲望是无止境的，如果你一直觉得不满，那么即使你拥有了世界，也会觉得伤心。

BINGMO
XINLI
XUE

病魔心理学

治愈导致你内心不安的 11 种病症

第四章

强迫症：学会主动接纳，顺应自然之力

一丁点儿逾越常规，一丝丝稍不留神，内心的压抑就会被引爆出来。天上飘下来的最后几片雪花，也可能酿成雪崩的大祸。

——德国心理学家弗里兹·李曼

有这样一个男人：他非常喜爱一种 4.9 英镑的面包，每次他都买回 20 包，不能多，也不能少。平日里，家里要有三个冰箱，一个放食品，一个放沙拉，一个放饮料。三个冰箱各司其职，不能混放。此外，放饮料的冰箱中，可乐一定是偶数的。如果发现是奇数的，他就会喝掉或者扔掉一瓶。更夸张的是，有时在半夜突然从梦中醒来，他也会去数一下可乐是否是偶数。不仅可乐，家中的其他东西最好也是偶数的，否则他就会不断地追问。

从上面的描述你也许会认为这个男人一定是个奇葩，谁嫁给

他一定会后悔死。实际上这个男人就是迷倒无数女粉丝的英国著名足球明星贝克·汉姆。而嫁给贝克·汉姆的则是名气一点也不输给贝克·汉姆的“辣妹”维多利亚。

贝克·汉姆之所以会有这种表现，是因为他患有强迫症。和贝克·汉姆一样，许多名人都曾患有强迫症，例如生物学家达尔文有一个怪癖，他总要将一本很厚的书撕成两半，认为这样才容易携带；例如男高音歌唱家帕瓦罗蒂，每次演出，总要在舞台上找到一颗生锈的钉子，如果找不到，演出难以进行；例如成龙，会反复洗手，直到把手洗得脱皮……

你不要以为强迫症仅仅只是表现有些怪，实际上因为强迫症自杀的人并不在少数。例如 2008 年，身价超过 300 亿元的年轻富豪魏东，因为无法忍受强迫症的折磨而跳楼身亡；2012 年，在荷兰留学的中国留学生袁远因受强迫症困扰而自杀……

从名人到普通人，我们不得不承认强迫症非常普遍，且无论古今；从轻微怪癖到无法忍受的自杀，我们不得不承认，强迫症有轻有重。下面我们就一层一层，慢慢揭开这个普遍的、轻重差异巨大的心理疾病的神秘面纱。

走近强迫症

有人说，强迫症会让你感觉自己像是一只可怜的羔羊，你缺乏安全感，你总担心受到伤害，遭遇损失，所以你反复检查；有人说，强迫症让你感觉置身于到处皆是病毒的世界，所以你要反复洗手；有人说，强迫症让你过分紧张，思虑过多，所以你会反复询问……

人们对强迫症有如此多的表述很正常，因为强迫症的表现本来就有很多种，而每个个体对强迫症的理解也会有所不同。那么强迫症到底是什么样的呢？

强迫症，是一种以强迫思维和强迫行为为主要表现的神经精神疾病，其特点为有意识的强迫和反强迫并存，一些毫无意义、甚至违背自己意愿的想法或冲动反反复复侵入患者的日常生活。

尽管强迫的表现种类很多，一般来说，这些种类可以归纳为强迫思维和强迫行为两大类。

首先是强迫思维，主要包括：

强迫联想，反复联想一系列不幸事件会发生，虽明知不可能，却不能克制，并激起情绪紧张和恐惧。

强迫回忆，反复回忆曾经做过的无关紧要的事，虽明知无任何意义，却不能克制，非反复回忆不可。

强迫疑虑，即对自己的行动是否正确，产生不必要的疑虑，要反复核实。

强迫性穷思竭虑，即对自然现象或日常生活中的事件进行反复思考，明知毫无意义，却不能克制。

强迫对立思维，即两种对立的词句或概念反复在脑中相继出现，为此感到苦恼和紧张，如说到“好人”时即想到“坏蛋”等。

强迫意向，在某种场合下，患者会出现一种明知与当时情况相违背的念头，却不能控制这种意向的出现，十分苦恼。例如一个非常爱自己孩子的母亲，抱着小孩走到河边时，突然会产生将小孩扔到河里去的想法。虽然这种可怕的行为并没有发生，患者却感到十分紧张和害怕。

此外，还有强迫情绪。这种情绪主要表现为恐惧，害怕自己的情绪会失控，害怕自己会发疯，害怕自己会做出伤天害理的事。

其次是强迫行为，主要表现为：

强迫洗涤，即反复多次洗手或洗物件，心中总摆脱不了“感到脏”，明知已洗干净，却不能自制而非洗不可。

强迫检查，通常与强迫疑虑同时出现，患者对明知已做好的事情不放心，反复检查。例如反复检查煤气是否关上了，门是否锁上了，等等。

强迫计数，不可控制地数台阶、电线杆等东西，做一定次数的某个动作，否则感到不安，若漏掉了要重新数起；强迫仪式动作，即在日常活动之前，先要做一套有一定程序的动作，如睡前要按照一定程序脱衣、鞋，并按固定的规律放置，否则感到不安，重新穿好衣、鞋，再按程序脱。

【心理点拨】 在强迫问题上，要注意区分强迫症和强迫性人格障碍。强迫症是一种神经症，表现为强迫行为和强迫思维是违背意愿的，你认为不合理，却无奈地去想、去做，无力摆脱；而强迫性人格障碍，是一种谨小慎微、拘泥于细节、过分疑虑并苛求完美，以至于无法适应新情况的人格障碍。两者的区别在于对于强迫行为和强迫思维，强迫症患者是感到痛苦的，而强迫性人格障碍者则认为是合情合理的，是理所当然的。当然两者也具有很高的重合率，它们的重合率约为70%。

检测一下你的强迫程度

读了上面的文章，你已经了解了强迫症的表现，并能够据此判断自己是否患有强迫症。但你的强迫症究竟到了什么程度呢？请你根据最近一周以内的情况和感觉，进行下面的测试。

1. 我常产生对病菌和疾病毫无必要的担心（ ）

A. 没有　B. 有

2. 我常反复洗手而且洗手的时间很长，超过正常所必需（ ）

A. 没有　B. 有

3. 我有时不得不毫无理由地重复相同的内容、句子或数字好几次（ ）

A. 没有　B. 有

4. 我觉得自己穿衣、脱衣、清洗、走路时要遵循特殊的顺序（ ）

A. 没有　B. 有

5. 我经常没有必要地对东西进行过多地检查，如检查门窗、开关、煤气、钱物、文件、表格、信件等（ ）

A. 没有　B. 有

6. 我不得不反复好几次做某些事情直到我以为自己已经做好了为止（ ）

A. 没有　　B. 有

7. 我对自己做的大多数事情都要产生怀疑（ ）

A. 没有　　B. 有

8. 一些不愉快的想法常违反我的意愿进入我的头脑，使我不能摆脱（ ）

A. 没有　　B. 有

9. 我经常设想自己粗心大意或细小的差错会引起灾难性的后果（ ）

A. 没有　　B. 有

10. 我时常无原因地担心自己患了某种疾病（ ）

A. 没有　B. 有

11. 我时常无原因地计数（ ）

A. 没有　　B. 有

12. 在某些场合，我很害怕失去控制而做出尴尬的事（ ）

A. 没有　　B. 有

13. 我经常迟到，由于我没有必要地花了很多时间重复做某些事情（ ）

A. 没有　　B. 有

14. 当我看到刀、匕首和其他尖锐物品时我会感到心烦意乱（ ）

A. 没有　B. 有

15. 我为要完全记住一些不重要的事情而困扰（ ）

A. 没有　B. 有

16. 有时我有毫无原因地想要破坏某些物品或伤害他人的冲动（ ）

A. 没有　B. 有

17. 在某些场合，即使当时我生病了，我也想暴食一顿（ ）

A. 没有　B. 有

18. 当我听到自杀、犯罪或生病时，我会心烦意乱很长时间，很难不去想它（ ）

A. 没有　B. 有

【心理点拨】　以上是常见的强迫症测试题目，符合上述情况越多的人，患强迫症的概率越大。如果你只符合其中的几条，说明你只是轻微患者，注意日常生活中的调整即可。如果你符合很多条，而且有些还非常严重，说明你的强迫症已经很严重了，这时你需要到正规的医院接受治疗。

是什么让你患上了强迫症

我们已经知道，英俊、多金、声名远播的球星贝克·汉姆是强迫症患者，所以强迫症和相貌、财富、名声无关；我们知道大作家狄更斯是强迫症患者，所以强迫症和思想无关；我们知道许多平凡的人也患有强迫症，所以强迫症并不是贵族专有的疾病。

那么在人群中无声蔓延开来的强迫症，到底和什么有关呢?

精神因素是诸多致病因素中，最为重要、对治疗最有借鉴意义、也是最值得详细论述的因素。这个因素表现为六个方面。

一是过高估计风险。例如对于强迫洗手患者，他们会认为手上带有可怕的病毒或者细菌；反复检查是否关门的人，他们担心一旦没有关门，可能会遭遇重大盗窃，或者会受到父母或者领导批评。

二是责任心过强。强迫症患者对可能会发生的事情，怀有过于夸张的责任感，为了把责任感降到最低，他自然会反复检查煤气是否关上，单位的门是否锁上等。

三是试图控制一些想法的出现。在强迫症患者看来，在大脑中产生不愉快、令人讨厌的思想，就像真的做了这件事情一样恶劣。例如对某个不该有非分想法的异性产生了非分的想法，本来这是一个很正常的心理反应，但强迫症患者却把这种想法和伦理道德联系起来，认为自己这样想很无耻，并试图制止这种想法，结果适得其反，引发了强迫症。

四是把想法等同于行动。人们常常会有各种担忧，例如一旦煤气泄漏，可能会引发火灾。一般人有了这种担忧，只要确定煤气关上了，也就放心了，就不再去想这件事了。但强迫症患者有了这个担心后，会焦虑和恐慌，会认为这件事真的可能会发生，于是，他们就一而再，再而三地去反复检查煤气是否已经关上。

五是无法忍受模棱两可。不能容忍模棱两可的信息，苛求确定性，是强迫症患者非常明显的一个特征。例如记忆里记得自己已经关掉了煤气，但又感觉似乎没有关，这种模棱两可不断折磨着患者，迫使他们被迫再一次去检查。在强迫疑虑中，这种情况表现得更为明显。例如女孩一直不确定男友是否爱自己，就强迫男友一再做出表示，而她却一直还是不放心，还是要反复地问。

六是完美主义。患者常常对改变表示怀疑，他们认为自己以前坚持的就是最完美的，一旦违背了这个完美，他们就会不舒服，就会强迫自己去改变。例如贝克·汉姆的偶数强迫，例如帕瓦罗蒂每次登台要找到一颗生锈的钉子，都属于这种情况。

除了上面所说的精神因素外，导致强迫症的因素还有很多种。

例如遗传因素。通过调查发现，约5~7成的强迫症患者家属患有强迫症，这个例子说明遗传因素对患者的影响很重要，但这个原因目前还没有得到完全的证实。

例如性格因素。研究发现，许多强迫症患者在患病前有一定程度的强迫人格，例如比较拘谨、犹豫、节俭、谨慎、细心、过分注意细节、好思索、要求十全十美，但又过于刻板和缺乏灵活性等。

例如器质性因素。研究发现，患有昏睡性脑炎、颞叶挫伤等疾病的病人，通常容易表现出强迫症状。

例如个人成长因素。在成长过程中，父母的过度溺爱；父母的要求过高，近乎苛刻；成长过程中的心灵创伤等。

例如职业因素。长期从事一些职业，会养成职业病，强迫症也是这个道理。由于职业的习惯，人们习惯性地重复某种行为，逐渐就演变成了强迫症。

此外，还有社会环境因素。诸如工作、生活环境的变迁，责任加重，处境困难，担心意外，家庭不和或由于丧失亲人，受到突然的惊吓等，都会增加你的紧张、焦虑感，并引发强迫症。

【心理点拨】　尽管导致强迫症出现的原因是多样的，但根源性的主要有两条，即安全感的缺失和对自己的不接纳。因为安全感缺失，我们不断洗手，不断检查煤气是否已经关上，不断询问伴侣是否爱自己，等等；因为不能接纳自己，我们不断谴责自己不该有这种想法，不该有这种行为，并试图控制这种不该有的想法和行为。

通过全面认知，改变看法

有个生活在城市的女孩，本来无忧无虑，有一年冬天，她的外祖父突然得了重病，她和妈妈一起去医院看外祖父。

几天不见，外祖父容貌大变，人消瘦了很多，也憔悴了很多。看到女儿、外孙女来看自己，外祖父显得很高兴。但是女孩却从外祖父高兴的表情中，察觉到了他在强忍着身体的痛苦。

后来外祖母的话也证实了女孩的结论，原来外祖父这一天一直在忍受着身体的巨大疼痛，夜里好不容易在疼痛中睡去，过不了多久，又会被疼痛折磨醒。

大约一周之后，外祖父去世了，外祖母悲伤地说："你外祖父走了，其实也是一种解脱，因为你根本无法想象这最后一个多星期他所受的苦!"

外祖父的生病、疼痛及去世，对女孩带来了很大的刺激。她总担心自己有一天会像外祖父那样得病，会像外祖父那样痛苦。

从此，女孩变得格外敏感起来。电视广告上说公交车上到处充满细菌，所以孩子下车后要用某某肥皂洗手，才能杀死细菌。于是，每次坐公交车，她都尽量不去用手摸扶手、座椅等设备。下车之后，她老感觉自己手上有细菌，必须找个地方洗手。女孩的洗手不同于普通人洗手，她洗手时间很长，洗完之后，常常不放心，她还会返回来再洗。

后来，不仅公交车，诸如教室、食堂等一切公共场所，女孩都认为有细菌，她都不愿意接触这些场所里的东西，并喜欢经常去洗手。

反复洗手不仅麻烦，浪费时间，还让女孩变得非常紧张，看到其他同学毫无顾忌地玩耍、嬉戏，而且也并没有因为到处摸东西而得病，女孩很羡慕他们。但女孩并没有打算放弃自己经常洗手的习惯，因为经常洗手虽然麻烦了点，但可以杀死细菌，可以防止各种传染病传染给自己，可以远离疾病，保持健康。

女孩的这种心理，正是很多强迫症患者共同的心理：一方面，他们认为反复出现的强迫行为是麻烦的，是不合理的，是不必要的；另一方面，他们又会认为这些强迫行为有其重要作用，例如反复洗手可以远离疾病。

既然强迫症患者对强迫行为有认知上的错误，那么认知疗法自然就有了用武之地。那么什么是认知疗法呢？简单来讲，就是通过让患者全面、深刻认识强迫行为，来让患者纠正错误观念，彻底摆脱强迫症困扰。

认知疗法首先要求要了解强迫行为出现的原因，就以女孩为例，她之所以出现强迫洗手行为，就是因为担心有细菌，不洗手会让自己得病。

找到病因后，就要找出合理的事实依据，让女孩相信反复洗手实际上没必要。例如你可以告诉女孩，那些生活在乡下的女孩，卫生条件比城市差很多，他们经常用手接触很多东西，却不怎么洗手，但他们反而比城市里的人更健康。

再说，人只要活在这个世界上，无论你如何小心，都不可能与细菌彻底隔离。而且即使你反复洗手，即使你每次都用很多肥皂，但有些细菌是肥皂杀不死，也是用水洗不掉的。

退一步说，即使所有细菌都能杀死，我们也不能将它们全杀死，因为细菌是人类生活环境的必要组成部分，日常接触到的众多细菌对我们的生活与健康是有益的。如果不加选择地灭菌，就可能给那些抵抗力、适应性、侵袭力强的细菌开绿灯，破坏人体内及自然环境的微生物平衡，以致有害的超级细菌大量生存和繁殖。

你还可以告诉女孩，反复洗手不仅没有必要，而且反复洗手本身就是一种心理疾病，是一种强迫症。这种疾病不仅会浪费你的时间，而且还会让你的情绪紧张、焦虑，让你的免疫力降低，从而促使你更容易得病。

在认识到自己的强迫行为不仅没有必要，反而有害之后，患者心中的纠结就会降低。如果强迫行为不是很严重，他们通常可以自己慢慢摆脱强迫症。如果强迫行为比较严重，则还需要借助其他治疗手段。

但不管怎么说，认知疗法首先让患者真正、全面地认识了强迫症，并开始从心理上不再认同自己的强迫行为，这就迈出了走向康复的第一步。

【心理点拨】 心理分析大师弗洛伊德曾经说过，强迫症的本质就是“一个人自相搏斗”。正是由于自相搏斗的内在冲突不断延续，强迫症也不断地扩展，形成恶性循环的“怪圈”，让患者陷入痛苦的深渊。这里的自相搏斗既包括认为强迫行为麻烦却有意义的纠结，也包括“不要再重复了”和“再做一次吧”的纠结，认知疗法解决的就是第一个纠结，它要从心理上打消患者对强迫行为有意义的心理认可，让患者不再有任何强迫行为。

厌恶疗法，让你摆脱强迫症

曾经有一部名为《发条橙》的电影，讲述了一个名叫阿历克斯的少年犯的故事。年轻时的阿历克斯是个典型的问题青年，他经常和一群不务正业的年轻人一起，到处惹是生非，他殴打过流浪汉，入室强暴过一名作家的妻子，也经常和那些不务正业的年轻人一起互殴。

最后，终于在一次犯罪之后，阿历克斯被警察抓住，锒铛入狱。为了缩短刑期，阿历克斯主动要求充当“小白鼠”，即充当一种名为“厌恶疗法”的试验品。试验很简单，就是给阿历克斯注射进某种药物后，让他目不转睛地观看那些令人发指的色情、暴力影片，以使他对色情、暴力产生条件反射式的恶心。

试验很“成功”，试验结束之后，阿历克斯从内心深处对暴力、色情感到反感，他也因此成了一个打不还手、骂不还口、不近女色的“新人”。阿历克斯是悲剧的，他在戒除了暴力、色情的恶心之后，也同时泯灭了正常的个性与人性。所以等到他重新踏入社会的时候，他经常受到别人的欺负，也无法像正常人那样和女性相处了。

通过厌恶疗法的试验把一个坏人变成了一个不正常人，这种做法究竟正确与否我们姑且不论，至少这个电影告诉我们厌恶疗法是有效的，是可以改变一个人的，尤其是改变一个患有强迫症的人。

厌恶疗法治疗强迫症的原理很简单，通常情况下，强迫症患者喜欢不断反复地做一件事，例如反复洗手。那么每当你又想去洗手时，可以用一种惩罚或者令你厌恶的东西不断地刺激你，让你下次再想这样做时，就会条件反射地想到所受的惩罚，从而让你从心里逐渐厌恶你不断想重复的那个行为，最后实现纠正强迫行为的目标。

用厌恶法治疗强迫症的方法有很多种，使用比较多、比较简单容易操作的方法是橡皮筋厌恶法。这种疗法是先在手腕上套上一个弹力很大的橡皮筋，一旦出现想要做强迫行为的冲动（以反复洗手为例）时，就开始拉手腕上的橡皮筋来弹自己。橡皮筋的力度要够大，要让自己感到疼痛。

对于资深的强迫症患者来说，弹一下还不足以让自己放弃冲动，那就反复地拉，反复地弹，直到强迫行动的冲动真正停止为止。

每次弹击自己时，可以数一下弹击的次数。刚开始弹击的次数可能比较多，但依然要坚持下去，随着时间的推移，弹击的次数会不断减少的。

如果强迫行为非常严重，你还可以每天记录下每一天弹击了几次，每次弹击弹了多少次，以便了解弹击的效果和进展情况。

除了弹击疗法之外，厌恶疗法还有很多种，例如每次有强迫冲动时，可以让自己面对一些令你感到恶心的东西；可以像阿历克斯那样反复观看某些视频，直到让自己讨厌这种行为。

此外，还有一种反厌恶疗法。即正常情况下，厌恶疗法是通过厌恶刺激来遏制去重复实施强迫行为的冲动。而反厌恶疗法则是直接反复去实施那些强迫行为，例如如果你的强迫症是强迫洗手，那你就主动去洗手，而且洗很多很多次，洗得连你自己都厌烦洗手。

治疗强迫症的厌恶疗法有很多种，每个人可以根据自己强迫症的特点，根据自身条件，选择更适合自己的厌恶疗法。

【心理点拨】　厌恶疗法真的这么有效吗？答案是肯定的。该疗法的原理就是来自苏联的生理学家巴普洛夫提出的条件反射理论。该理论认为，不合适的和异常的行为，是通过生活经验，尤其是创伤性的心理体验而习得并形成条件反射保存下来的。就像每次喂食小狗时都摇一下铃铛，时间久了，即使不给小狗食物，只要听到铃铛响，小狗都会流涎。同理，经过厌恶疗法的人，已经对强迫行为产生了厌恶，所以即使以后厌恶、惩罚不在了，但他的生理条件反射还会保留，他还会厌恶那些他之前老想重复的强迫行为。

与其强迫，不如顺其自然

曾经有个老人 70 多岁了，却患上了强迫症，一见到女性，他心里就会产生和对方性交的冲动。甚至看到自己的儿媳妇、女儿，他也会有这种强迫思维。

想想自己都是年近古稀的人了，老人对自己心里的这些“肮脏”想法非常痛恨，非常自责。起初，一旦有这样的想法，他就想拼命压制下去，但这样不仅没有用，反而更强烈了。老人非常痛苦，最后他决定不见女人。碰到公园里有女的坐在一起聊天，他就绕道走。看到有女客来自己家做客，老人就躲在屋里不出来。女儿、儿媳来看他，他也尽量回避。坚持了一段时间之后，不仅没有效果，反而让家人感到很奇怪，担心老人出了什么事。

无奈之下，老人只好求助心理咨询师。心理咨询师给他的药方就是：“与其强迫，不如顺其自然。”

通常，强迫症患者的内心是矛盾的，他既不想那么做，又忍不住去想那么做。在这种情况下，你越是告诉自己不要往坏的方面想，也就越容易拘泥于坏的想法。越是受到阻止，事态就越恶化。

那么该如何处理“想做”又“不想做”这对矛盾呢？日本的

森田正马教授提出了“顺其自然，为所当为”的森田疗法。即不去干涉自己的情绪，任其自然发展；在行动上按照内心的要求，去做自己该做的事。

遵守顺其自然的原则，不去干涉自己的情绪，不和自己的情绪对着干，你就不会为了“想做”而焦虑、紧张了，心情也就轻松一些了。

有了这个轻松的心境之后，实际上也在一定程度上把你从对强迫思维的过度关注中解脱了出来。这个时候，你可以采用很多方式，来摆脱强迫症对你的影响。

例如上文中的老人，他可以种植花草，把大量的感情、思想都投放到花草上去。虽然这样做，未必能够彻底清除强迫思维的出现，但时间久了，强迫思维出现的频率会降低，强迫思维对你的影响也会降低。

假如有一天，强迫思维只是偶尔出现一下，根本不会对你的生活带来任何影响，你又何必去在意它呢?

【心理点拨】　人的心理就像弹簧，越是压制它就会反弹越高，顺其自然疗法正是参考了这一点。当强迫思维出现时，如果我们能够不再和它们对着干，任其自身自灭，通常情况下它们闹闹哄哄一会儿就会鸣金收兵的。当然，这种治疗有时候还要和其他方法结合起来一块儿使用，效果才会更明显。

转移注意力的 15 分钟法则

转移注意力是许多心理疾病都会使用的方法，强迫症自然也不会例外。当患者反复进行强迫思考和强迫行为时，思维会专注于一点，这时最重要的是想办法转移注意力，尽快脱离现实症状，摆脱痛苦。

但要一下子把注意力成功转移走，一下子彻底摆脱强迫思维和强迫行为的干扰，是很困难的。为此，就有了转移注意力治疗中的“15 分钟法则”。即当你陷入强迫行为的泥潭时，你的内心非常想再做一次，例如再去洗一次手。这个时候，你可以命令自己忍受 15 分钟，待 15 分钟之后，再根据情况看是否去洗手。

当然在这 15 分钟内，你不是在慢慢等待 15 分钟的时间缓缓流淌，因为这样会加重你的痛苦。正确的做法是，你去找一件其他事情去想，去做。例如你可以去听音乐，可以玩游戏，可以看书，可以下棋，可以去回忆一些美好的往事。

当然，你也可以回忆一些美好的电影片段。如果这个片段激发了你的兴趣，在条件允许的情况下，你不妨打开电影去慢慢重温一下。

时间在不知不觉中流淌，15 分钟结束之后，如果你已经不再那么十分想去做强迫行为了，你正好不用去做了。并且对于你能够坚持 15 分钟，你可以给予自己一点奖励。

【心理点拨】 必须是“15 分钟”吗？当然不是。15 分钟只是一个概括性的要求，对于很多患者来说，刚开始坚持 15 分钟可能会有些困难，那么你可以尝试坚持 5 分钟。等习惯了之后，可以不断延长，直到 15 分钟、20 分钟、30 分钟……由此可见，分钟数是可以自由选择的，但原则是不变的，即当你受到欺骗思维非常想做一件事时，千万不要没有延迟就立即行动，你不妨等一等，也许就会有转机。

认识并努力防治购物强迫症

网上曾经有这样一个笑话，“双十一”之后，一个男人问另一个男人：“今年‘双十一’过得怎么样?”

“别提了，今年‘双十一’工作特别忙，一直加班。”

“那太可惜了，你错过了一次抢购便宜货的机会。”

“不是，一直加班，没看住我媳妇。”

对于普通人来说，这个笑话可能略显夸张，但现实生活中，真的有些女士在“双十一”期间，动辄网上购物好几万元，让那些和这些女人生活在一起的老公们苦不堪言。网上就曾经流传过一篇名为《女子光棍节网购消费两万，丈夫起诉欲离婚》的文章。

本来网络购物就要比实体店便宜，加上“双十一”商家大幅度降价，所以这个时候多买点东西，实际上赚取了更多的实惠。但为何那些男人却背后叫苦不迭呢？这是因为一般情况下，我们买东西的原则是需要什么，我们再买什么。但“双十一”期间，很多女性购买的东西并不一定是自己需要的，她们只是为了便宜而购买，为了购买而购买，一句话，她们已经成了购物强迫症。

那么购物强迫症与正常购物的区别在哪里呢？我们可以从以

下几个方面进行判别：如果你的家里有不少没有拆包的商品，即你只管买，没想到用；如果你买东西并没有考虑实用性，只是因为便宜；如果你心情不好就去购物，而且购物的过程非常兴奋；如果你购物结束之后，你会非常后悔，甚至想“剁手”；如果一不买东西，你就会焦虑……

如果你有以上症状，那么我将不幸地告诉你，你患上了购物强迫症。

当然，患上购物强迫症并非女性的专利，也并非只在“双十一”期间才表现出来，无论男女都可能患有购物强迫症；无论什么时候，有购物强迫症的人，都希望去疯狂地购物一把。

对于众多收入并不高的家庭来说，购物强迫症不仅浪费了你的很多时间，更浪费了你的很多金钱，让你的正当的购物计划搁浅，让你的储蓄计划泡汤，甚至让你一直过着“月光”族生活，也可能让你与家人关系紧张。

那么该如何应对自己的购物强迫症呢？

首先你可以交出自己的财政大权。强迫症是一种很难克服的神经症，既然克服不了，索性把自己手中的财政大权交给家人去掌管。手里没钱了，想买买不成了，自然也就不会去疯狂购物了。

其次是不再充当家庭采购员。之前家里的很多东西都由自己采购，这也间接导致了你的购物强迫症。现在你把这个采购员的角色放下，主动交给别人去行使，你远离购物，自然也就逃离了去购物的冲动。

最后是发展其他兴趣爱好。前两个策略虽然有效，但均非长久之计，因为作为一个成年人，生长在这样一个物质极端丰富的商业社会，你不可能手中一直没钱，也不可能任何东西都不买。所以，要想摆脱购物强迫症，还是要从发展新的兴趣爱好入手，例如你可以广交朋友，多和朋友一块聊天等。之前你疯狂喜欢购物，很大程度上是因为下班后或者上班时，太过于清闲无聊。发展出新的兴趣爱好之后，你的无聊时间有了消遣的方式，也就不需要用购物来打发了，强迫性购物的癖好自然也会离你远去。

【心理点拨】 在健康人看来，一些购物强迫症的疯狂购物有些不可思议，明明不需要，或者需要不了那么多，何必花那么多钱买回来呢？实际上购物狂的内心是失控的，是混乱的，他们也许曾经有过一段物质匮乏的成长经历，对琳琅满目的商品具有很强的占有欲；他们也许孤独、无聊，或许感情受到伤害，希望通过购物来填补感情空白；他们也许情绪不好，压力很大，却又没有好的宣泄途径，只好去盲目购物。

认识并努力防治爱情强迫症

“你爱我吗?”

“我爱。”

过了一会又问：“你爱我吗?”

“你怎么老问啊?”

“怎么问一下就烦了?”

“不烦，不烦，我爱!”

……

如果你的伴侣问你一次、两次还行，如果他天天问，而且每天都问很多次，而且不管你情绪如何，只要一有机会，他就会忍不住问。遇到这种情况，你会怎么办?

这就是电视剧《过把瘾就死》中杜梅丈夫每天的遭遇。本来两个人非常相爱，但是每天像恶魔一样的逼问渐渐把丈夫折磨得失去了耐性，他变得越来越厌烦，越来越想逃避。

丈夫的变化进一步加深了杜梅的不安全感，她问得更频繁了，直到有一天夜里，她把丈夫捆了起来，把冰冷的菜刀放到丈夫面前，问丈夫爱不爱她？丈夫终于崩溃了，在杜梅离开之后，他用头撞破玻璃求救，他们的爱情也暂时画上了句号。

杜梅的这种天天追问爱不爱她的行为，其实就是一种爱情强迫症。除了这种形式，爱情强迫症还有很多种。

例如每天不定时给伴侣打电话或者发短信“查岗”：现在在哪里？现在和谁在一起？什么时候回来？如果一旦掌握不了对方的行踪，或者对对方的回答有所怀疑，就会不舒服，就会焦虑不安。

例如打电话给伴侣时，如果对方没有接听，就会愤怒，就会不断地打下去，直到对方接听为止。对方接听之后，少不了要一段怒斥为何这么久才接电话，无论对方理由是什么，总要少不了发一通火。

例如和伴侣在一起时，伴侣接个电话，总要追问是谁打的，打电话干什么，如果感觉可疑，甚至会要过电话，查看一下刚才拨出的电话到底是不是伴侣说的那个人。没事的时候，还会偷偷翻看伴侣手机的通话记录、短信、微信等。一旦发现疑问，有时隐忍不发，积到某一刻一块爆发；有时立即大肆兴师问罪，刨根问底；有时干脆直接和对方联系，如果发现两人关系亲近，少不得又是伤心、不满。

再例如把爱情过于神圣化，不能包容任何形式的“出轨”，哪怕伴侣偶尔想一下，或者在大街上多看一下某位异性，心里都会不舒服。

如果以上这些心理或行为，你有一条或者几条，甚至全部都有，那么说明你已经是一个爱情强迫症患者了。

无数的事例表明，患有爱情强迫症的人，大都会成为爱情的牺牲品。一种情况是像杜梅丈夫那样，尽管内心深处还深爱着对方，但就是被对方反复的追问折磨烦了，折磨怕了，折磨累了，折磨崩溃了，最后选择了离婚。

一种情况是被折磨怕了，但因为种种原因不愿意或者不能分手，就只好默默忍受。遇到对方的追问，就随口搪塞应付，应付不过去就撒谎。

毋庸置疑，无论哪种结果，都会让美好的爱情大打折扣。所以，有爱情强迫症的一方，应该意识到这是一种病，并有意识地去克服它。

首先你要树立对爱情的信心。当对爱情产生怀疑的时候，你要做的不是立即打电话，而是回忆一下和对方在一起的甜蜜时光，那一桩桩、一件件甜蜜的回忆会让你心里踏实很多。

其次要多与对方交流，坦率地承认自己有这个方面的焦虑，并承认自己这样是不对的，是扭曲的，向对方道歉，并希望对方能够理解自己。

最后可以与对方达成共识，在一定的时间内，由对方主动给自己打电话。尤其是对方出差的时候，可以要求一天至少要打一个电话。这样既增加了自己的安全感，也避免了自己对对方的骚扰。

【心理点拨】 人们常说，事不关己，关己则乱。按照这个思路，似乎爱情强迫症的原因就是太关心对方了，太爱对方了。

不可否认，只有爱对方，才会出现这种爱情强迫，但我们还应该看到，并不是所有深刻的爱都有这种强迫行为。相反，那些伟大的爱并不需要彼此明确表示出来，因为他们彼此明白对方，彼此也相信他们的爱情。只有那些对爱情有不安全感的人，才会做出那些强迫行为。而这种不安全感，可能是来自婚姻的不对等，例如对方十分优秀，而自己很普通；也可能是来自早年的创伤，例如杜梅的不安全感就是因为他的父亲曾经为了第三者杀害了杜梅的母亲。不管是什么原因造成了你的爱情强迫症，只要你意识到你患有了这种疾病，就应该有所行动，因为它既是对你深爱着的人的精神虐待，也是对你美好爱情的摧残。

认识并努力防治晚睡强迫症

已经到了深夜，整座城市已经缓缓进入梦乡，而小陈还在玩连连看游戏。这是一种非常简单的游戏，小陈也并不是非常喜欢这款游戏，只是临睡前他感到现在睡太早了，就玩起了这种非常简单的游戏。

本来他只想玩一二十分钟，然后就关电脑睡觉。但是打完一关后，他却丝毫没有结束的意思，索性就再打一关吧。连过几关之后，他的情绪变得亢奋起来，索性就打个通关吧！打完通关之后，已经是凌晨两点多了。

关掉电脑，躺在床上，想到明天6点多就要起床上班，还有4个小时的睡眠时间，小陈后悔不已。今天怎么又睡得这么晚！

其实，在北京这样的大都市，每天晚上都有很多像小陈这样晚睡的人。他们共同的特征是白天没精神，到了晚上就会突然亢奋起来；因为晚睡造成的白天没精神，他们对自己的晚睡非常痛恨，但每天晚上他们却迟迟不愿意早睡，常常会想“再打一局游戏吧”“再看一集电视吧”；偶尔有一天睡早了一点，他们就会在床上胡思乱想，就会睡不着，感觉似乎有些什么事情没有做；

一旦睡晚了，第二天没精神，他们又会非常后悔，甚至责骂自己，痛恨自己。

也许有人认为这仅仅是一种坏习惯，改了就行。其实，没那么简单，因为这种行为已经成了一种精神疾病——晚睡强迫症。

晚睡强迫症带来的危害是显而易见的。因为晚睡强迫症会让你的睡眠减少，这一方面导致了你白天没精神，工作效率低下，进而影响了你的事业发展。另一方面，晚睡会对你的血压、肝脏等器官造成不利影响；你可能会选择晚上进餐，这会影响你的肠胃。

更为重要的是，由于缺乏睡眠，你大脑、情绪自然也会受到影响，这会进而导致易怒、焦虑、抑郁等心理疾病。同时，你对自己每天晚睡的痛恨与自责，也会加重你的强迫心理。

既然是病，就要注意治疗。

首先，你可以为自己设置一个睡眠闹钟，例如定为每晚 11 点睡觉。11 点到来时，你也许玩游戏玩得正在兴头上，或者看电视看得正过瘾。但不管什么情况，听到闹钟之后，你必须停止手头的一切消遣，收拾东西，立即去睡觉。

其次，你晚上可以选择一项运动。患有晚睡强迫症的人，大都是单身一族。晚上一个人在家很无聊，只好用游戏、电视剧等方式来打发时间。而人的惰性是很强的，一坐在电脑前或者电视机前，就懒得动了。而选择运动则不同，运动了一段时间你就会感到疲劳，这时你回到家洗漱之后，已经很晚了，也就不要再找其他消遣方式了，而且这个时候你已经有些疲惫了，直接去睡觉就行了。

最后，晚上的时间你可以给自己找一项事情做。例如你可以给自己制订一份学习某项技术的计划，要求每天晚上学习多少。每天晚上按计划学完之后，你已经很疲劳了，自然应该去睡觉了。此外，晚上你也可以出去做一份兼职，或者做一些有益的事情，把自己晚上过剩的精力提前消耗掉，然后带着疲惫提早睡觉。

【心理点拨】 晚睡强迫和失眠不同：失眠是躺在床上睡不着，而晚睡强迫则是迟迟不肯去睡觉。晚睡强迫和那些喜欢晚上工作的人也不同：有些人喜欢晚上工作，是因为晚上安静，外界干扰较少，容易找到灵感，容易全身心进入工作状态，工作效率高。所以，他们是非常享受晚上的工作，怡然自得。而晚睡强迫则不同，他们晚睡大都不是为了工作，而是为了玩；他们对晚睡非常不赞同，内心充满焦虑和煎熬，尽管他们一再要求自己要早睡，却常常失败。

认识并努力防治手机强迫症

现在每天和我们打交道次数最多的是什么？答案不是你的爱人，不是你的孩子，不是你的电脑，而是手机。现实生活中，不管是在路边等人、上下班坐车等空闲时间，还是在繁忙的工作时间，很多人都会不由自主地拿出手机。看看有没有未接电话、新信息、新留言，刷一下屏看看有没有朋友发了新帖子等。

美国最新一项调查研究指出，现在每位智能手机用户平均每天要查看手机 34 次，有时频率更达到几分钟一次。

不可否认，有些人频繁查看手机，可能和其职业有关，他们这样做是担心漏掉了重要客户的电话或者短信。但对于大部分人来说，他们频繁查看手机是因为对手机“高度上瘾”，这也就是本书所说的手机强迫症。

那么该如何区分你是不是手机强迫症呢？首先，看频繁程度，即你是不是频繁拿出手机，频繁刷屏，甚至到了每 30 秒一次。其次，在公交车上，你感觉有异动，会不会立即拿出手机查看，尽管你并没有电话或信息。最后，一旦手机不在身边，你会不会老担心错过什么重要的电话或信息，会不会坐立不安。

患上手机强迫症会有什么害处呢？最明显的是，你过度依赖手机，必然会浪费掉你很多时间，会影响你的工作或学习；你把太多业余时间浪费在手机上，而不是去锻炼上，自然会影响你的身体健康；过度依赖手机，导致了你的闲暇、独思时间遭到挤压，人的思考能力会降低，进而导致你的创造力也大打折扣。

手机强迫症的出现，打乱了我们正常的工作和生活，严重影响了我们的工作和健康，所以，如何摆脱手机拖延症成为了一个广大患者最为关心的问题。

首先，尽量不要用手机玩游戏。和电脑不同，手机携带方便，在你晚上睡不着时、蹲厕所时、吃饭时，都可以随时拿出手机玩游戏，长此以往特别容易形成对手机的依赖。

其次，如果你的工作不是必须依靠手机，你可以在一天中抽出一定的时间，例如中午休息时间，或者晚上睡前，来专门看手机，并对一天中需要处理的信息进行集中回复。其他的时间，除非确实听到电话、信息铃声，否则就不要拿出手机。

再次，为了保证充足的休息时间，睡觉前可以关闭手机，或者把手机调为静音。如果担心可能会影响到与外界的联系，可以把自己的作息时间告诉对方。

最后，可以不定期地更换你的手机铃声。长时间使用一种手机铃声，有时候会让你产生幻听，总感觉似乎有人给你打电话，于是你就会反复拿出手机查看，从而促使了手机强迫症的出现。

【心理点拨】　虽然和反复洗手、反复检查煤气等典型的强迫症有些不同，而且只要想肯克服，手机强迫也比较容易克服，但手机强迫毕竟还是属于强迫症的一种，它的致病原因也与一般强迫症有诸多共同的地方，诸如过于担忧、压力过大等。所以要想解决手机强迫问题，除了采取直接和手机有关的这些措施外，转移注意力、调整心态、舒缓生活压力等针对强迫症的方法，也是解决手机强迫症的常用方法。

BINGMO
XINLI
XUE

病魔心理学

治愈导致你内心不安的 11 种病症

第五章

偏执症：你的内心，有谁能够读懂

偏执是件古怪的东西。偏执的人必然绝对相信自己是正确的，而克制自己，保持正确思想，正是最能助长这种自以为正确和正直的看法。

——美国著名作家海明威

他是新中国第一代大学生，在那个知识分子奇缺，连只有小学文凭的人，后来都能成为行业精英、社会栋梁的年代，可以清楚地预见他将有一个辉煌的人生前景。然而不幸的是，由于之前曾经遭到过国民政府逮捕，他开始对周围的一切充满怀疑，他怀疑学校内有特务活动，并认为某位教授就是幕后人员。

他坚信自己的怀疑是正确的，就向校党委反映。经过调查发现并非事实，校党委对他进行了解释，但他依然坚持自己的怀疑。看到学校对此不热心，他向法院提出了控告，法院未予受理。他认为法院也有坏人，就开始自费印发传单，寄往各地。

因为已经严重扰乱了社会秩序，他被迫入院治疗。入院之后，他看着像常人一样正常，还能和医生、病人侃侃而谈，但谈多了，人们就会发现他怀疑学校，怀疑法院，怀疑公安，认为这里面都有坏人，出院之后他还将到处控诉，要求向全国人民公开审理。

出院之后，因为精神有问题，用人单位担心其他重要岗位他无法胜任，就让他做了一名中学教师。开始工作之后，他依然没有放弃他的怀疑，依然坚持诉讼，直至头发白，牙齿掉，他还在孤独地坚持着。

这种老人通常被称为“诉讼狂”，属于偏执症的一种，无论是过去，还是现代，有这种偏执症的人都很多。除了诉讼狂之外，常见的偏执症还有色情狂、嫉妒狂、自大狂等。他们之所以会这样另类，是因为他们对世界的解读不同于常人，他们是孤独的，因为他们的内心常人无法读懂。

走近偏执症

古代有个叫庄周的人一天梦到自己变成了一只蝴蝶，醒来之后他一直在想，是庄周做梦变成了蝴蝶呢？还是蝴蝶做梦变成了庄周呢？这就是著名的“庄周梦蝶”的故事。蝴蝶做梦变成庄周，那么庄周就是蝴蝶，而庄周则是梦蝶梦中的幻觉。正常人都知道，这种想法是荒谬的。如果真有人会这么想，那简直是可笑而又可悲的。

但不幸的是，偏执症患者却和庄周有些相似。通常，他们对事实有一个不正确的妄想，并长期地把这个妄想当成事实，并以此来指导自己的言行，指导自己的人生，所以他们会与社会格格不入，他们的人生就这样被妄想给扭曲了，囚禁了，但他们自己却并不知道。

正因为偏执的内部原因是妄想，所以偏执又被称为持久的妄想性障碍。偏执症患者内心的妄想主要表现为被害、嫉妒、诉讼、钟情、夸大、疑病等，所以偏执的表现也以这几种为主。

一是诉讼狂。这是较为常见的一种类型，患者常常认为自己人身受到迫害，名誉受到玷污，受到不公正对待等，因为内心的这种受害感，他们走上了诉讼的道路。他们仅仅在受迫害这一点上不同于常人，其他方面大都是正常的。所以他们的诉讼逻辑清晰，层次分明。遇到阻力后，他们会百折不挠，一直坚持下去。

二是色情狂。患者可能会单方面想当然地认为某位异性对自己有爱慕之心，但碍于面子、家庭情况、年龄等原因而没有公开表示出来。当患者主动试探遭到对方拒绝之后，他依然不会死心，反而会认为可能对方在考验自己，可能对方有什么难言之隐。所以即使被冷眼拒绝之后，患者依然不会死心，依然坚信对方是爱自己的，而且爱的是那么深沉。

三是夸大狂。尽管现在很落魄，常常被人看不起，但患者依然自命不凡，依然认为自己才华横溢，智能超群，不久的将来自己一定会一飞九天，声震寰宇。

四是嫉妒狂。这是由多疑引起的一种偏执，患者对对方不信任，认为对方另有新欢，患者常常会质问对方，甚至经常跟踪对方。即便被证实自己的质疑是错误的，他依然会继续质疑下去。

除了上面四种质问，偏执症还有很多种，例如疑病偏执、行为习惯偏执等。

以上的表现，是从偏执的种类上来说的。具体到偏执症这个整体上，一个人容易偏执，从个人特质上来说，他们有一些共同的特点。

首先，他们过分多疑。他们会将周围事物说明为不符合实际情况的阴谋，在没有充分依据时，便预期自己会遭人伤害和摧残，未经证实便怀疑朋友或同事的忠诚与诚实。

其次，他们过分敏感。从温和的评价和普通的事件中，他们常常能够看出羞辱与威胁的意向，并心怀不满。

再次，他们可能会过分自负。他们自视甚高，总以为自己做得很正确，一旦遭遇挫折或失败，他们常常会归咎于人，归咎于客观环境或者一时失误。

最后，他们自卑中又夹杂自私，他们很容易感到受到轻视，对于嘲笑与羞辱，他们很难宽恕。

随着病情的加重，他们可能会产生幻听，有时会变得冷漠，爱发脾气，喜欢独来独往，有时甚至会做出极端行为。

【心理点拨】 现实生活中有很多人执着、固执，但这不同于心理学上所说的偏执。执着和适当的固执，都是积极的，是值得肯定的，是有可能取得巨大成功的，因为他们坚持的理由是正确的，是符合实际的；而偏执则不会有好结果，因为他们坚持的理由是错误的，是不符合客观实际的。

检测一下你的偏执程度

现实生活中，每个人都可能有偏执的时候，例如你特别喜欢红色衣服，去饭店老想去某个座位等。但这些偏执究竟到了什么程度，算不算偏执症呢？请根据你平日的表现，认真回答下面的问题。

测试评分标准：没有得 1 分，很轻得 2 分，中等得 3 分，有点重得 4 分，严重等 5 分。

1. 你是否感到大多数人都不可信（ ）

A. 没有　B. 很轻　C. 中等　D. 有点重　E. 严重

2. 你对别人会不会求全责备（ ）

A. 没有　B. 很轻　C. 中等　D. 有点重　E. 严重

3. 你是不是经常责怪别人老是制造麻烦（ ）

A. 没有　B. 很轻　C. 中等　D. 有点重　E. 严重

4. 你会不会感到别人不理解你，不同情你（ ）

A. 没有　B. 很轻　C. 中等　D. 有点重　E. 严重

5. 你的有些想法和念头会不会不同于常人（ ）

A. 没有　B. 很轻　C. 中等　D. 有点重　E. 严重

6. 你会不会不能自已地发脾气（ ）

A. 没有　B. 很轻　C. 中等　D. 有点重　E. 严重

7. 你会不会老是认为别人对你的才华和成绩没有正确评价（　）

A. 没有　B. 很轻　C. 中等　D. 有点重　E. 严重

8. 别人评价你的时候，你会不会老是认为别人在讽刺你（　）

A. 没有　B. 很轻　C. 中等　D. 有点重　E. 严重

9. 你是否老是感觉别人占你便宜（　）

A. 没有　B. 很轻　C. 中等　D. 有点重　E. 严重

10. 你有没有感到身边人似乎在默默策划针对自己的阴谋（　）

A. 没有　B. 很轻　C. 中等　D. 有点重　E. 严重

【心理点拨】　累计你的得分，如果得分在 12 分以下，说明你不存在偏执状况；如果得分在 17~26 分，说明你存在轻微的偏执，要提高警惕，防止偏执的进一步升级；如果你的得分在 27 分以上，则说明你已经是一名偏执症患者了，这时你要注意自我调整，必要的时候应该到专门机构接受治疗。

是什么让你患上了偏执症

电影《盗梦空间》中曾经提到过一件事，那就是想办法在对方大脑中植入一个自己想要的观念，对方持有这种观念后，就会根据这个观念做事，从而实现植入者的目的。

偏执症患者有点类似于被植入了一个错误观念的人，不同的是他的这些不符合事实的观念不是外界植入的，而是他们自己植入的。那么这些人为何会把错误的观念植入进自己的大脑的呢?

一是因为他们的个性特点。研究发现，患者在患病前个性往往有主观，固执，敏感多疑，对他人怀有戒心，缺乏安全感，好争论，不能接受别人的批评，以自我为中心，自命不凡，对人吹毛求疵，对自己百般原谅，强词夺理，自我评价过高，野心勃勃，爱空想，遇事专断，情绪易激动，不能冷静面对现实等素质特点。患者的这些个性缺陷，是偏执症形成的肥沃土壤。

二是精神因素诱发。有了偏执症的肥沃土壤之后，就需要一粒种子，而精神因素诱发就是这粒种子。例如“章引言”中的那位喜欢诉讼的老师，就是因为之前他在某大学读书时曾经被国民政府抓捕过。因为这件事他无法释怀，开始变得多疑，对周围人都不信任，最后导致发病。

三是遗传因素。经过长期观察人们发现，偏执症患者的亲戚中，有偏执症的约有2%。这项研究只能证明偏执症可能会与遗传有关，进一步的证据还没有得到证实。

四是文化因素。人们发现在某些少数民族中，偏执症患病率非常高。例如在新几内亚多波少数民族中，偏执人格似乎是当地文化的一个组成部分。

五是缺少自我批判精神。在错误观念逐渐形成的过程中，患者经常会遭遇周围人的质疑，面对质疑，患者很少会进行反思，更不会进行批判，而是不断从已有的信心中过滤掉否定的信心，有选择性地挑选那些肯定信息，从而进一步固化自己的错误观念。于是，在他们看来，他们的错误观念越来越正确，而他们则也就会在错误的道路上越走越远，难以回头。

【心理点拨】 现实生活中，固执的人是强势的。例如苹果公司曾经的精神领袖乔布斯，例如《阿凡达》的导演卡梅隆，无论在什么时候，无论在什么样的压力之下，他们像独裁的君王一样丝毫不听别人的任何意见，丝毫不向别人做半点让步。最后那些普通的人选择了妥协，固执的人取得了最后的胜利。那么和固执类似的偏执者是不是也是强势的呢？恰恰相反，偏执被视为弱者的专利。这是因为他们感到自己是受害者，自己受到了不公平对待，自己无法被别人理解，他们常常嫉妒别人，他们常常怀疑自己有病，这些诸多表现都说明他们是生活中的弱者。他们的偏执行为，大多是弱者对外界的反抗；他们习惯于过去，习惯于现在，却不能进行自我改造，改造自己的意识。他们丧失了自我改造的能力，所以只好生活在封闭、保守、自以为是的泥潭里。

多些沟通，少些背后猜疑

在人际交往中，互不信任，相互猜疑，会令我们失去朋友，会令我们陷入孤独，会让我们的情绪变得封闭，并一步步滑向偏执症的深渊。历史上，因为互不信任、相互猜疑而酿成的悲剧已经上演了很多次。

《三国演义》中有这样一个故事，曹操谋杀董卓不成赶紧仓皇逃走。逃到成皋地界，十分疲惫的曹操想到这里住着一位父亲的结义兄弟吕伯奢，便去上门投宿。看到故人之子前来投奔，吕伯奢非常高兴，他吩咐家人杀猪宰羊，自己则到西村打酒去了。

曹操本来就生性多疑，逃难之中的他更容易草木皆兵。他坐在屋里听到吕家霍霍的磨刀声，便以为吕家要杀掉他向董卓请赏呢。于是，他先下手为强，一口气把吕家8口人全部都杀死了。杀完之后，他继续搜索才发现有头猪被严严实实地捆着，才知道原来吕家人磨刀，是为了杀猪招待自己。此时，他才后悔不已。

本来热情招待远方来客，结果却是满门被杀；本来对方是一片殷勤招待，自己却杀了对方满门。这对双方来说，无疑都是一件可悲的事。但是这种悲剧为何就这样公然发生了呢？

英国哲学家培根曾说："猜疑之心犹如蝙蝠，它总是在黑暗中起飞。"也就是说，我们的猜疑之心是单方面进行的，在对方毫不知情的情况下，我们根据自己的感觉、分析、判断，就武断地怀疑对方。就以上文的曹操为例，他的猜疑仅仅是因为听到了吕家的磨刀声。如果他能够多听一会，如果他能够找一个吕家的人，哪怕是个孩子，问一问情况，这个悲剧也不会发生。

所以，从这个充满悲剧色彩的故事中，我们得到的教训是与人相处，应该少一些背后猜疑，多一些沟通，多一些坦诚，在一片和谐的气氛中把误会化解开来。

【心理点拨】　人的猜疑心理常常会受先入为主思想的干扰，例如一个人斧子丢了，他怀疑是邻居偷的，于是他发现邻居的一言一行都像是个偷斧子的人；过几天斧子找到了，他的疑虑消失了，他发现邻居的一言一行都不像是个偷斧子的人。要避免先入为主的猜疑，就应该事前多一些沟通了解。有时沟通之后，误会就可以消除，自然就不用猜疑了；即使沟通之后，误会依然在，但相对来说，沟通之后的怀疑还是要比沟通前的武断怀疑更接近事实一些。

向着阳光，阴影永远在你背后

很多人都知道，相互猜疑是人际交往的毒药。但问题是人都是有大脑的，人的大脑每时每刻又在不停地运转。所以有的时候，对方说出的一些话，或者做出的一些事，总会让你不由自主地要去解读，要去猜疑。

解读和猜疑无法避免，那么这种时候我们该怎么办呢？答案就是，尽量多向好的方面想，少向坏的方面想。

曾经有个人到朋友家小住。一天下午，天气有点热，但也不算太热，他把空调打开，一个人在房间里看书。朋友要出去办事，推开门和他打个招呼就走了。他去送朋友出门时，朋友说："天气不太热啊，你怎么还开空调？"

朋友离开之后，这个人开始想他临走前说的这句话。如果是一个像林黛玉那样有颗七巧玲珑心的人，可能就会误会："他说这话是什么意思啊，嫌我开空调浪费他电了？这家伙也太抠门了吧，朋友来你家住几天，这一点电费钱你还斤斤计较！"

但这个人没这样想，凭他对这个朋友的理解，他不可能把这点电费钱放在心上。那他为何那样说呢？主要是因为尽管两个人关系很好，但他的朋友并不是一个非常健谈的人，在他送朋友到门口的那一刻，双方突然都没有话说了。为了不使局面太过于尴尬，作为主人的他，只是临时根据当时的场景，找了一句话来应付一下。

有了这个正向的理解之后，这个人并没有因为朋友的那句话而生气。果然，朋友离开之后，他可能也意识到刚才那句话可能会让对方误解，所以，他办完事回来之后就来到这个人的房间，聊天时，他装作很随意地说："天热了就开空调，别客气。"

这个人的理解真的是对的吗？也不一定。也许对方真的心疼电而发自内心地说了那句话，但之后又怕对方生气，回来之后又说了一番挽救的话。

那么究竟事实是什么呢？其实，事实是什么并不重要，重要的是什么事实会让你舒服一些。

不可否认，人在某些时刻，会有些自私、阴暗、丑恶的想法，其言行背后可能真的会包含厌烦、鄙视、嫉妒、嘲笑、攻击你的成分。但这种负面的想法常常只是一时的，短暂的，或者因为那一刻他心情不好，或者有其他事情刺激到了他心中阴暗的东西。

所以，与人交往的时候，我们不妨迟钝一些，不需要任何言行都明察秋毫。只要对方本质不是坏的，个别言行上的问题，我们该包容就应该包容。为了更好地包容，我们应该多向好的方面想一些，少向坏的方面想一些，因为一直向着阳光，阴影就一直被我们抛在身后。

【心理点拨】　保持在社交时的迟钝，多向好的方面想，不仅是社交的诀窍，而且也是对对方的怜恤。如果对方真的有一些阴暗的思想，你不去想他，不去揭穿他，也就维护了对方的尊严。当然，鼓励迟钝，并不是鼓励你去犯傻。如果明明知道对方是坑你，你还装作不知道，这当然是不行的。

接纳差距，化嫉妒为动力

嫉妒是不好的，嫉妒是卑鄙的，嫉妒是小人行径……千百年来，对嫉妒进行谴责的言论真可谓不计其数。

嫉妒不仅遭到众人谴责，还会害人害己。法国著名作家巴尔扎克曾经说过："嫉妒者遭受的痛苦比任何人遭受的痛苦更严重，他自己的不幸和别人的幸福，都会使他痛苦万分。嫉妒心强的人，往往以恨人而开始，以害己而告终。"

一个被众人谴责的、又害人害己的东西，似乎每一个稍微有点智商的人，都应该远离它。然而，千百年来嫉妒就像人类的影子一样，跟随着一代又一代的人，他们既包括智能平庸的凡夫俗子，也包括才华横溢的卓越人才。

嫉妒的人似乎太傻了，实际上并非因为他们傻，而是因为他们也无可奈何。因为对于很多自负者来说，嫉妒就隐藏在他们的感情之中，只要有遇到值得他们嫉妒的人，嫉妒的火苗就会在内心滋生。

既然如此，索性就接纳嫉妒，承认自己与对方的差距。接纳嫉妒的目的是为了让自己的情绪缓和下来，但并不等于就此认输。等情绪缓和下来之后，你要做的就是化嫉妒为奋斗的动力，奋起直追，争取超过对方。

小周和小陈是同时进某公司任电话销售员的，小周能说会道，给客户打电话时很容易就和对方聊到了一起，所以业绩特别好。而小陈则不同，说话不是他的强项，每次打电话说不了几句，对方就挂断了。

一个多月下来，两个人业绩悬殊。在每周进行的例会上，经理经常会表扬小周，有时甚至还会让小周站起来说几句。表扬完小周之后，经理经常也会提一下小陈，但多是批评。每当这个时候，小陈就非常痛苦，他嫉妒地想，如果没有小周，自己也许不会这么丢脸。

元旦到了，在公司举行的年会上，小周被推举为咨询师代表到台上发言、领奖。看到公司领导在台上和小周亲切握手、照相，小陈内心的嫉妒之火再一次被点燃。

从这一刻起，他决定一定要超过小周。既然口才不如小周，那就锻炼口才，那就多打电话。下班之后，双休之时，小周已经下班了，小陈还继续来公司给客户打电话。

总的算来，他每月平均比小周多打1000个电话，就会有900个能够打通，就会有800个听自己介绍项目，就会有400个表示有兴趣，就会有200个表示有意向，就会有80个有继续洽谈的意向，就会有30个想买，最后就会有10个能够最终签单。每个单子平均按照15万元计算，他一个月就能多出150万元的业绩。这样一来，他就能比小周高出50万元的业绩了。

不仅小陈打的电话数量多，因为不断打电话，不断与各类人接触，他的口才和推销技巧都有了很大的提高。所以几个月之后，即使小周也加班加点，也无法在业绩上超过小陈了。

在下一个公司年会上，小陈作为推销员代表走上了主席台，对于自己的成功，他没有公开自己曾经的嫉妒之心，他只是告诉大家，勤能补拙，量变会引起质变！

但在他当天的日记里，他这样写道：有时候我们应该感谢嫉妒，因为他们给了我们更多的动力，让我们走得更远。

【心理点拨】　嫉妒是把双刃剑，如果你迷失于嫉妒的深渊里，这不仅会让你痛苦，还会让你失去进取之心。这种时候，嫉妒就会逐渐演变成为偏执，促使你做出很多偏执的行为来。相反，承认差距，化嫉妒为动力，你就可能奋发图强，超过那个曾经令你嫉妒的人。到那个时候，嫉妒之心自然也就会烟消云散，而你也不会再受因嫉妒引发的偏执带来的伤害。

寻找自己的优势，远离嫉妒

关于人与人之间的差别，韩愈曾总说："闻道有先后，术业有专攻。"的确，在这个社会上，有些人在某些领域确实非常优秀，不管是他们天赋异禀也好，不管是他们问道早也好，不管是他们术业有专攻也好，反正他们太优秀了，优秀到无论你如何努力，都难以超越他们。

遇到优秀的人，有的人选择敬仰，他们也就避免了嫉妒之苦。但是还有些人，他们虽然不如那个优秀的人那样优秀，但他们依然也很优秀，又很自负，他们无法接受仰视别人，于是他们就跌入了嫉妒的深渊。

选择仰视他人的，我们姑且不论，那些无法超越别人、又不甘于仰视而深受嫉妒之苦的人该怎么办呢？清代的刘墉给我们找到了一个解决问题的答案。

刘墉出身名门望族，其父刘统勋为大清一代名臣，32岁时刘墉就科考得意，被授翰林，成为人人羡慕的天子门生。刘墉是年轻的，也是骄傲的，他也确有可以骄傲的才华。但不幸的是，几年之后，翰林院又来了一位比他年轻5岁，文采却远远高过他的人，他就是纪晓岚。

纪晓岚的文学才华不仅在刘墉那个时代，即便是在整个五千年中华文明史上，也是可以数得上的人物。所以，刘墉无论如何努力，要想在文学才华方面超过纪晓岚，都是不太可能的。

但刘墉是一个不甘人下的人，既然文学才华上无法超越，他就争取在其他领域寻找突破。为此，他努力练习书法，“融会历代诸大家书法而自成一家”，最终成为清代“四大书法家”之一，而他本人也被称为“浓墨宰相”。

也许如果没有纪晓岚的出现，一生勤奋的刘墉依然会在书法上取得卓越成就。但可能不会取得如此大的成就，因为他可能会被文学方面分担去部分精力，因为他练习书法的动力可能也不会那么大。

更为重要的是，刘墉在其他领域寻求突破的做法，为我们克服嫉妒之心提供了一个好的借鉴方法，那就是如果在某个方面无法取胜，我们就寻找到自己的优势，争取在另一个领域战胜对方。

例如在班级里，你的容貌无法赶上某个女生，这是你无论如何都无法改变的现实，既然这样，你就不和她比容貌，你可以提高自己的内涵，争取比她更有修养；你可以性格阳光一些，爱笑一些，争取比她更可爱。一个人可以比较的领域很多，何必一定要死盯住容貌这一条呢！

【心理点拨】 有人说，你越看重的东西，越感到自负的东西，你越容易嫉妒。该怎么理解这句话呢？例如《三国演义》中的周瑜，对于那些武将，不管对方再厉害，他也不会嫉妒，因为他本人并不看重武力；但是对于像诸葛亮那种谋略超过自己的人，他无论如何都无法接受，因为他对自己的谋略非常看重，也非常自负。现实生活中的我们也是如此，如果我们看重美貌，就会对那些容貌超过自己的人心怀嫉妒；如果我们看重工作业绩，就会对那些干得比我们好的人心怀嫉妒。这一心理学原理，也是“寻找自己的优势，远离嫉妒”这一策略能够有效的重要原因，你寻找到了新的领域，也就不那么看重原来的领域了，嫉妒心自然也就小一些了。

承认错误，才能更容易前进

人们常常喜欢用“不撞南墙不回头”来形如一个人的固执，似乎“不撞南墙不回头”是一种非常固执的行为，实际上偏执症的固执远比这厉害，他们是撞了“南墙”，被撞得头破血流，而且还可能反反复复地撞了很多次，却依然不肯回头。

这个世界上，没有人是不犯错误的。太坚信自己的固执像一堵墙，封闭了自己，阻挡了自己前进的路，既然如此，为什么不能承认一下错误呢？

曾经有过这样一个故事，一个曾经在国外留学几年精通多国语言的年轻人，回到国内之后，打算到一些进出口公司找一个秘书工作。

求职信寄出去了很多，却大都没有收获。更令他生气的是，一封回复信不仅明确告诉他不会录取他，还批评他英语不行：“我们即使需要，也不会请一位连英文都写不好，信里全是错别字的人。”

读到这封信之后，年轻人非常生气，自己读高中时英语成绩就非常好，大学读的又是英语专业，又在国外待过几年，自己的英语怎么可能不好？

冷静下来之后，年轻人想英语毕竟不是我的母语，对方说我的英文写法有错误，说不定还真有其事呢？以前上学的时候，书写出现一点错误不要紧，但以后要从事外贸类工作，书写的东西大都非常重要，稍微出一点错误都可能会给公司带来巨大损失，所以以后要多注重英语的规范书写。同时，既然对方指出了自己的书写错误，自己就应该向对方表示一下感谢呀！

按照这个思路，年轻人向这家外贸公司真诚地写了一封回信，表示自己愿意接受对方的批评，并努力学习英语的规范书写，改正自己的错误。

不久之后，这个年轻人就被这家公司录取了。原因很简单，对于一个勇于承认错误，并愿意积极改正错误的人，哪个用人单位会不喜欢呢？

【心理点拨】　固执常常和故步自封联系在一起，因为你太坚信自己是正确的，那么你就很难接受和自己不同的意见。这样一来，你的思维就会狭隘，你本人也就难以进步。所以，经常反思一下自己一直坚信的东西，适当的时候，不妨勇敢地去承认自己坚信的，也可能是错的。这时，你对其他思想的排斥感就会降低，你也就可以从其他思想中汲取到有益的养料，从而让你更容易前进。

换一条路也许会有更美丽的风景

在北京这样一个文化大都市的“贫民区”——地下室、城中村里，经常会看到一些追逐梦想的人。他们有的想成为演员，有的想成为歌星，有的想成为编剧，有的想成为漫画家……虽然追求的目标不同，但他们的处境却大致相同：他们都坚信自己具有这方面的才华，只是缺少一个合适的机会，只要自己坚持下去，总有一天会成名的。

青春的岁月在无情的流逝，青春妙龄的光泽也正在他们脸上一点点逝去，他们已经在这里耗费了很多年，他们大都很落魄，甚至过年都不敢回家。

不可否认，这些落魄的坚持者中，确实可能会有一些有才华的人，假以时日他们也真的可能会一举成名。但大部分人，可能并没有太多才华，他们的坚持只是一种偏执，继续坚持下去，也不会有大的前途。既然如此，为何不换一路，也许那里会有不一样的风景呢?

周杰伦是当今华语乐坛的天王巨星，有着数不清的粉丝和骄人的成绩，被称为中国流行乐坛第一才子。可是谁又能够想到，刚刚出道时，他只是个为别人写歌的，而不是一个真正的歌者。

1979 年 1 月 18 日，周杰伦出生在台北县淡水镇，从很小的时候就表现出了非常不错的音乐天赋。由于周杰伦的音乐才华非常出众，在小学毕业之后他成功进入了淡江中学音乐科学习。这一时期的周杰伦已经开始作曲，而且作的曲子也非常不错。

1998 年 2 月，周杰伦为“四大天王”之一的刘德华写了一首《眼泪知道》，结果当这首歌拿到刘德华面前之后，刘德华看了之后毫不犹豫地当场拒绝。

挫折还在继续。不久之后，周杰伦又为华语乐坛天后张惠妹写了一首《忍者》，可是张惠妹在看后也直接拒绝了这首歌。

在接连被大牌们拒绝之后，周杰伦又陷入到挫折中去——明明很好的歌曲，就是得不到别人的认可。可以说，当时的周杰伦又陷入到困惑之中去了，他不知道自己怎么在音乐圈发展下去。

在迷茫了一段时间之后，周杰伦决心再坚持下去，不过他要换一种新的发展思路——我要自己唱我写的歌。

很多时候，坚持自己的决心不动摇不是说抱着一棵树不松手，那样的结果就是“在一棵树上吊死”。俗话说得好，“树挪死，人挪活”，决心换一种发展思路的周杰伦因为思路上这一“大挪移”，终于迎来了自己的璀璨星途。

1999 年 12 月，周杰伦和有“综艺大王”之称的吴宗宪约定：十天之内写出五十首歌，而且每一首歌都要保持一定水准。如果周杰伦写得出，那么吴宗宪就从这五十首歌中挑选十首出来给他出第一张专辑。

可以说，他和吴宗宪的这个约定在一般人看来是根本就不可能完成的事情。但是，令人吃惊的是周杰伦创造了奇迹，他在十天中夜以继日地写出了五十首歌曲，而且每一首都达到了双方约定的水准之上。

周杰伦的努力让吴宗宪大为感动，他决定为周杰伦推出第一张专辑《JAY》。由于没有人看好周杰伦，所以这张专辑的投入也比较少，制作也很一般。

可是，就是这样一张谁都不看好且制作简单的专辑在推出之后赢得了无数歌迷的热捧，《JAY》在年度流行音乐金曲评选中获得了最佳流行音乐演唱专辑大奖。

紧接着周杰伦又推出了《范特西》，这是让一张彻底奠定周杰伦在乐坛位置的专辑。此后周杰伦以欧洲古典音乐曲风、传统的中国风和美国的乡村曲风杂糅的音乐风格开始主宰华语歌坛，成为华语歌坛当之无愧的最佳男歌手。

可以想象，虽然周杰伦很有才华，但如果他坚持继续写歌，可能依然没有大牌歌星愿意唱他写的歌。即便周杰伦运用各种手段、各种推广手法包装炒作自己，最后确实有大牌歌星愿意唱他写的歌，那他充其量也就只是一个著名词曲创作者，而不是今天的著名歌手。

由此可见，当我们做一件事遇到挫折时，换一件事，或者换一个思路，未尝不是一个明智的选择。

【心理点拨】　王阳明在《心学》中提出了“此心不动，随即而行”的处事方式。这句话的意思是说，应该鼓励每个人做事时都要有决心，要执着，但这并不是说要我们一条道走到黑，而是应该在正确目标的指引下，不断地坚持下去。所以，在执着于大目标的前提下，当你发现前路不通的时候，你可以在坚持决心的同时，学会灵活应变。

面对批评，不要为之动摇

很多偏执症患者都有多疑的特征，看到周围人在一起聊天，他们就会怀疑这些人在议论自己，在嘲笑自己，甚至还可能在策划什么针对自己的阴谋。这种对别人议论的猜测，会让他们产生自己不安全的妄想，从而让他们的偏执越来越严重。

其实，很多偏执症患者的怀疑都是未经证实的，都是他自己主观臆想出来的。退一步来说，即使周围的人真的在议论你，真的在嘲笑你，那又能如何呢?

曾经有位非常著名的音乐节目主持人，经常会在音乐节目的休息时间，主持音乐评论节目。这位声音充满磁性、点评又很到位的主持人，拥有很多粉丝，所到之处迎接他的经常是鲜花和掌声。

然而，有一天他突然收到一封陌生女子的来信，骂他是“骗子、叛徒、毒蛇和白痴”。对于一些人来说，看到这封恶毒的批评之后，也许会非常伤心，非常沮丧，甚至一蹶不振。但这位主持人没有这样，不仅如此，在第二天的节目中，他还公开向公众阅读了这封信。最后，他还自嘲地解释说：“我想这位女士可能更喜欢多听一些音乐，而不喜欢听人讲话，看来在节目中我讲的有点太多了。”

节目播出之后，陌生女子再次来信表示，自己并没有改变看法。主持人第二天就在节目中对大家说，那位女士依然坚持说我是个“骗子、叛徒、毒蛇和白痴”。

节目播出之后，人们不仅没有受到那位女士恶毒批评的影响，反而对主持人能够以此坦荡态度对待批评而钦佩不已。

面对外界的批评，那些坚强的人选择的方式不是难过，不是反击，也不是拿一把伞来阻挡这些批评声，而是让批评的雨水从自己的身上流下去。

像上面的主持人，面对那些直接的、点名道姓的、恶毒的批评，他都能够坦然面对，那么身为偏执症患者的你，为何要对别人对自己的一些评价，甚至连评价都不存在，而耿耿于怀呢？

【心理点拨】　面对外界的攻击，林肯不为所动，他解释说：“我竭尽全力地去做好，并且始终如一地将事情做完。如果结果证明我是对的，那么他人怎么评论也就无关紧要了；如果结果证明我是错误的，那么即使花上十倍的力气来说自己是对的，也无济于事。”从林肯的这句话我们知道，要想让一个多疑的偏执症患者不再胡乱猜疑周围的人，不再因为周围人的批评而疑神疑鬼，首先需要他能够接纳自己，相信自己。因为只有内心笃定的人，才能够不为外界流言所动。

BINGMO XINLI XUE

病魔心理学

治愈导致你内心不安的 11 种病症

第六章

恐惧症：既需要勇气，更需要智慧

每当恐惧的巨大阴影笼罩心头，表示我们正处于人生关卡，面临重大的挑战。躲避恐惧形同不战而降，只会削弱我们的力量；如果我们先行接纳，并且尝试克服恐惧，新的力量将在我们身上萌生。每战胜一次恐惧，我们就淬炼得更坚韧。

——德国心理学家弗里兹·李曼

对于广大影迷来说，提到张智霖，人们总会不由自主地联想到那个在《陆小凤传奇》中那个留着一撇小胡子的陆小凤。剧中的他风流倜傥，勇敢机智，在任何大风大浪面前都能保持那份高贵的优雅与从容。

然而，令人想不到的是，在银幕辉煌华丽的光环背后，还隐藏着一件不为人知的故事，那就是因为出演这部电影，张智霖患上了恐惧症。当时的情况是这样的，拍摄这部电影时，有一个情节是要把张智霖装进棺材里，然后送到某处赌坊。

虽然明明知道片场上的一切道具都是假的，但在一片阴森恐怖的氛围中，看着眼前一具油漆铮亮的棺材，还是会让人毛骨悚然。等到自己真的躺进了那具棺材，棺材的盖子“砰”的一声盖上的一刹那，一种深深的对幽闭空间的恐惧就此产生了。那是一种令人窒息的感觉，你非常想逃脱，非常辛苦，你渴望赶快结束，并希望永远也不要再面临这种场景。

起初，张智霖以为这只是很短暂的感觉，戏拍完了，这种感觉就会消失了。然而，事情并没有那么简单，因为从那个时候起，对幽闭空间的恐惧已经深深地埋入了他的心里，悄悄地爬进了他的灵魂，他很难再摆脱这种恐惧。

其实，患有各种恐惧症的明星又岂止张智霖一人，例如谢霆锋就曾患过家人恐惧症，刘若英就曾患过黄昏恐惧症，孙燕姿就曾患过纸箱恐惧症，王力宏就曾患过社交恐惧症……

当然恐惧症也并不是明星的专利，普通人也会“有幸”患上；恐惧症的种类也不是仅有上面几种，还有羽毛恐惧症、英语恐惧症、广场恐惧症等很多种。

那么为什么会有这么多人患有恐惧症呢？为什么会有这么多种千奇百怪的恐惧症呢？恐惧症又该怎么克服呢？

走近恐惧症

有人说，恐惧是一种病，而且是一种发病极快的病，一旦它靠近你，它就会像一条小蛇一样快速地钻进你的心灵，它又像电流一样瞬间贯穿你的全身。刹那间，恐惧笼罩了你，你成了它的奴隶。

有些人的恐惧是偶尔的，恐惧感很快就过去了。但有些人却没有这么幸运，时间也许可以把恐惧从他们身上逼退，但残余的恐惧，可能会像一粒种子一样，埋藏在他们的心里。只要一遇到那个让他们恐惧的东西，那颗恐惧的种子就会瞬间发芽、长大。后一种人的恐惧已经不仅仅是一种感觉，而是已经成了一种疾病——恐惧症。

所谓恐惧症，是以恐怖症状为主要表现的一种神经症。患者对某些特定的对象或处境产生强烈和不必要的恐惧情绪，而且伴有明显的焦虑及自主神经症状，并主动采取回避的方式来解除这种不安。

恐惧症的核心症状是恐惧紧张，并因恐惧引起严重焦虑甚至达到惊恐的程度。患者明知恐惧情绪不合理、不必要，但却无法控制，以致影响其正常活动。因恐怖对象的不同，恐惧症可以分为如下几种：

一是社交恐惧症。主要是指在社交场合时，几乎不可控制地诱发即刻的焦虑发作，并对社交性场景持久地、明显地害怕和回避。具体表现为在社交场合或者被人注意时会表情尴尬，发抖，脸红，出汗，不敢与人对视，表现笨拙，甚至手足无措等。

二是特定物恐惧。主要指对某一特定物或特定情景出现的恐惧，例如对蛇、狗等特定动物的恐惧，对大风、大雷、暴雨等自然环境的恐惧，对抽血、注射、高空飞行等特定情境的恐惧，如对密密麻麻排满的动物等密集物的恐惧，对剪刀、缝衣针、水果刀等尖锐物的恐惧，等等。

三是场所恐惧。主要是指对高处、黑暗场所、幽闭空间、学校等特别场所的恐惧。

四是疾病恐惧。主要是指对各种疾病的恐惧。例如，他们怕得肿瘤，怕得肝炎，怕得艾滋病……有一个年轻的女护士，因哥哥患肝炎去世而惧怕肝炎到了惶惶不可终日的程度。她手不敢碰墙，见到痰盂、墩布等绕开走；怕邻居来串门，邻居走后，要用消毒液擦洗人家坐过、碰过的地方。

对于一些令人恐惧的东西，大部分人面对时都可能会产生恐惧感，但不同的人，恐惧的程度会有所不同，有的人很轻，不影响正常生活，通过简单的自我治疗，就可以克服。但恐惧程度较为严重者，可能会出现严重的心理不适，精神紧张，影响到正常生活，并可能诱发其他精神疾病，这时就需要到专门的医疗机构接受治疗了。

【心理点拨】 恐惧的反应主要表现为三个方面：一是身体方面，例如会出汗、心跳加快、呼吸急促等；二是心理方面，会出现很多相关的担心，例如如果自己得了这种疾病怎么办？如果被困在这个幽闭的电梯里怎么办？等等；三是行为方面，主要是想做出一些减少害怕的行为，例如想立即逃跑，想找人帮忙，等等。

检测一下你的恐惧程度

在今天这样一个高度发达的社会里，恐惧症不仅没有减少，反而不断增多。但大部分人的恐惧症只是偶尔出现，所以他们羞于说出来，或者认为没有必要把它视为一种病。下面的一个测试，可以帮助你测试一下自己是否患上了恐惧症，自己的恐惧症已经到了何种程度。

1. 你在商店或电影院等人多的地方感到不自在（ ）

A. 是　B. 否

2. 你很怕到高的地方去（ ）

A. 是　B. 否

3. 你怕乘电车、公共汽车、地铁或火车（ ）

A. 是　B. 否

4. 因为感到害怕而避开某些东西，场合或活动（ ）

A. 是　B. 否

5. 你害怕空旷的场所或街道（ ）

A. 是　B. 否

6. 你害怕单独出门（ ）

A. 是　B. 否

7. 你害怕会在公共场合昏倒（ ）

A. 是　B. 否

8. 你在上课时不喜欢参加小组讨论（ ）

A. 是　B. 否

9. 同新认识的人谈话时，你感到非常不安（ ）

A. 是　B. 否

10. 你在参加班会或全校大会时感到紧张（ ）

A. 是　B. 否

11. 在会上被要求发表意见时，你感到非常不自然（ ）

A. 是　B. 否

12. 你在参加小组讨论时感到紧张不安（ ）

A. 是　B. 否

13. 在交谈中你害怕别人会发现你的错处（ ）

A. 是　B. 否

14. 你参加演讲时，身体的某部分非常紧张和僵硬（ ）

A. 是　B. 否

15. 你在发表意见或演说时太紧张，以至于把确实知道的事情都忘记了（ ）

A. 是　B. 否

16. 你单独一人时神经很紧张（ ）

A. 是　B. 否

17. 你害怕很多东西，诸如老鼠、蛇、小虫子等（ ）

A. 是　B. 否

18. 你经常做噩梦（ ）

A. 是　B. 否

19. 如果知道了有人在对你评头论足，你会十分紧张不安（ ）

A. 是　B. 否

20. 夜里，你很怕一个人在房间里睡觉（ ）

A. 是　B. 否

21. 你乘车穿过隧道或路过高架桥时，总是很害怕（ ）

A. 是　B. 否

22. 你喜欢整夜开着电视或灯睡觉（ ）

A. 是　B. 否

23. 你听到打雷声非常害怕（ ）

A. 是　B. 否

24. 你非常害怕黑暗（ ）

A. 是　B. 否

25. 你通常总是担心，你究竟给别人留下了什么印象（ ）

A. 是　B. 否

26. 在做任何决定时，都会令你内心十分痛苦（ ）

A. 是　B. 否

27. 你总担心那些对你很重要的人不会老是想到你（ ）

A. 是　B. 否

28. 你常常害怕自己会显得滑稽可笑或很傻（ ）

A. 是　B. 否

29. 你经常感到有人在后面跟着你（ ）

A. 是　B. 否

30. 每逢遇到麻烦时，你都深深地觉得自己无能为力（ ）

A. 是　B. 否

【心理点拨】　以上测试，选择 A 得 1 分，选择 B 得 0 分。各题相加，得出总分。如果你的总分是0~5 分，说明你基本健康，偶尔产生的恐惧可以自己化解；如果你的总分是6~17 分，说明你有了恐惧症的倾向，为防患于未然，应该注意自我调治；如果你的得分是 18~30 分，说明你患有严重恐惧症，你需要求教于专门的心理医生接受治疗。

是什么让你患上了恐惧症

在人类漫长的进化历程中，恐惧一直如影随形。正是因为原始人害怕雷电、地震，才有了对神和图腾的崇拜。

时至今日，虽然科技高度发达，虽然知识已经非常普及，从理性上来说，人的很多恐惧都是没有必要的，是不合理的，但是今天的人们依然无法摆脱恐惧的困扰。那么到底是什么原因导致了人类的恐惧症呢?

一是遗传因素。国外的调查发现，恐惧症患者的父母或同胞患恐惧症的也比较多，所以遗传因素被认为是恐惧症的发病原因之一。

二是性格因素。例如很多人从小就非常胆小、羞怯、被动、依赖、高度内向，而有的人则从小就很胆大。显然前者更容易患上恐惧症。

三是生理因素。研究发现，恐惧症患者的神经系统的惊醒水平偏高，这种人敏感、警觉，处于过度觉醒状态。其体内交感神经兴奋占优势，肾上腺素、甲状腺素的分泌明显增加。

四是成长经历。主要包括两类：其一是从小接受的教育，例如父母经常限制子女外出与人接触，就容易患上社交恐惧症。其二是创伤性条件刺激，例如张智霖演戏时被关进棺材里，从此患上了幽闭恐惧症；有人被狗咬过，从此患上了动物恐惧症；身边某个人因病去世，从此患上了疾病恐惧症；等等。

五是社会因素。研究发现，和焦虑症等心理疾病一样，恐惧症还和生活方式、生活节奏有关，在今天这样一个快节奏、高竞争的现代化社会中，恐惧症的发病率有明显增加的势头。

其实，从本质上来讲，恐惧感是人体的一种自我保护机能。遇到危险和不利情况，恐惧感会指使你赶紧逃避。至于你因为某种原因而没有逃避，或者因为你能力有限而无法逃避成功，这并不是恐惧感本身的错。

【心理点拨】　对于我们中国人，还包括受中华文化影响较多的日本人、韩国人来说，对于死亡、鬼魂，尤其是伸着长长舌头的吊死鬼、穿着红衣服死去的年轻女鬼等形象，我们会特别害怕。而对于令西方人很恐惧的吸血鬼、魔鬼等形象，我们只是感觉很好玩，却并不特别害怕。这是因为我们从小接触到的恐怖文化不同，亚洲的恐怖文化多是鬼文化，而西方的恐怖文化常和宗教等元素结合在一起。这就解释了为何我们看日韩恐怖片，会感觉特别惊悚；而看欧美恐怖片，则感觉并不太恐怖。

治疗恐惧症的系统脱敏疗法

遇到令你恐惧的东西，选择逃避只是暂时避开了那个令你恐惧的东西，并不能帮助你克服恐惧。相反，遇到恐惧，你勇敢地去面对它，适应它，最后再习惯它，这反而可以消除你的恐惧。

例如你害怕蜘蛛，你可以试着先看照片上或者电脑上的蜘蛛，等适应之后，再去看真实的死蜘蛛，再去看真实的活蜘蛛，到最后你甚至可以用手去摸一下蜘蛛。这样一来，你对蜘蛛的恐惧自然也就消除了。

这种让自己暴露在令自己恐惧的情景之中，并通过心理放松，从而达到消除恐惧目的的方法就是系统脱敏法。

过度的恐惧会诱发灾难性的后果。而脱敏疗法却让本来就已经对某些东西恐惧的人，直接面对那些令你恐惧的东西，这种做法本身存在着很大的风险。所以，系统脱敏法必须遵守一些必要的程序和原则。

系统脱敏法的第一步是进行放松训练。训练的方法主要是肌肉放松训练和腹式呼吸训练。每天训练 1~2 次，每次半小时左右，训练一周左右，达到能够非常熟练地进行放松。

第二步是对令你恐惧的东西建立等级层次。例如高级业务经理因为亲眼目睹过一次爆炸事件，从此对坐飞机产生了恐惧。那么就可以对乘坐飞机的恐惧进行等级划分，例如乘车去机场看到去机场的路边指示牌为1级；进入候机大厅为2级；办理登机为3级；进入安检口为4级；进入飞机舱为5级；在靠窗口座位坐下，向窗外望为6级；飞机开始起飞为7级。

第三步是人员准备。对于一般性恐惧症，可以在亲属或朋友陪同下进行治疗；对于严重的恐惧症患者，需要有比较专业的人员陪同。

第四步是想象脱敏。先放松一下，在一个安静舒适的环境下，坐在一张椅子上。面前放置一台电脑，手握鼠标，长时间地观看恐惧等级为1的第一张幻灯片。此时要注意让自己放松。如果这张幻灯片不再引起你的恐惧，就开始看第二张幻灯片，如此一直向等级高的图片看下去。

如果看的过程中，某一种幻灯片突然令自己非常恐惧，出现焦虑、恐惧和肌肉紧张等反应，则可以退回到上一幅幻灯片，并进行放松训练。直到完全放松之后，再回到刚才令你不适的那张幻灯片。如此下去，一直到看完所有幻灯片，而不再出现恐惧反应，则第四步算正式完成。

第五步是现实脱敏。想象脱敏完成之后，可以在治疗师或者其他人员的陪同下，进入真实场景进行体验。这一步的程序基本相同，放松，从低级到高级，进入恐惧场地，不适应再退回，适应后再次前进，直到体验完全部情景，而不再感到恐惧，则第五步完成。

第五步完成之后，也就意味着在现实的场景中你已经能够适应，这样你的恐惧症的治疗基本就算是大功告成了。

【心理点拨】　系统脱敏疗法的原理是交互抑制作用，即一个人的机体不可能对一个刺激产生两种对立的情绪反应，例如当恐惧出现时，你的机体会出现紧张、心跳加快等反应；而当你全身放松的时候，机体上紧张、心跳加快等反应就会消失，一切恢复正常。系统脱敏法就是让令你恐惧的那个刺激出现，让你恐惧，然后用放松法释放这种恐惧带来的恐惧反应。经过反复练习，当那个令你恐惧的刺激已经激发不了你的恐惧反应时，也就意味着良好的反应抑制住了原来的不良反应，你也就摆脱恐惧的困扰了。

治疗恐惧症的满灌疗法

满灌疗法，又叫冲击疗法，它和系统脱敏法有些类似，都是让自己面对令自己恐惧的东西，直到适应为止。不同的是系统脱敏法要借助放松训练，一有恐惧反应时就要借助放松法让自己放松下来，而且系统脱敏法面对恐惧的等级是从低级到高级逐渐适应。

而满灌疗法则比较直接，首先它不借助放松法，当恐惧反应出现时，不做任何放松，任其自然减弱或消失；其次满灌疗法不是从低级到高级，而是直接面对最高级的那种恐惧。

相对系统脱敏法来说，满灌疗法实施程序也比较简单。它不需要进行放松训练，第一步就是进行想象冲击训练。例如你是一个蜘蛛恐惧症患者，你可以不停地播放最令你恐惧的蜘蛛图片，或者让某个人向你讲述和蜘蛛有关的恐怖场景，或者自己想象着把自己置身于一个到处都是蜘蛛的地方。

进行恐惧想象时，不管自己是多么恐惧，即便出现了呼吸急促、心跳加快等不良反应，都不可逃避，不允许闭眼睛，不允许堵耳朵，直接地面对恐惧，不断地挑战自己，直到恐惧的浪潮慢慢消退。

第二步是进行现实冲击。置身于一个房间里，周围布置满令你恐怖的东西。刚一进入时，你的恐惧瞬间达到顶点，你想逃跑，但你提前选择好的房间是密闭的，你知道你现在无法逃出去。你只好忍受恐惧，与恐惧共存，随着时间的推移，恐惧在你机体上的反应开始消失，恐惧的情绪开始消退，你终于适应了恐惧。

经过满灌疗法，你已经适应了最令你恐惧的东西，那些令你感到一般恐惧的东西自然也就不会太令你恐惧了，你的恐惧症自然也就好了。

值得注意的是，和普通人相比，恐惧症患者本来就胆小，现在突然把他置身于布满令他最为恐惧的东西的房间，而且房间是密闭无法逃脱的，那么患者出现的恐惧自然也是非常大的。所以，有严重心血管疾病、中枢神经系统疾病、癫痫等疾病的患者，老人、儿童、孕妇及各种身体虚弱的患者，心理太脆弱的患者，都不太适合使用满灌疗法。

【心理点拨】　进行满灌疗法前，患者需要从心里相信，治疗过程虽然非常恐惧，但这种恐怖并不会有害。尤其是置身于令你恐惧的密闭房间时，虽然你非常恐惧，但恐惧的只是你的情绪和机体，你内心的理性非常坚信周围虽然布满令你恐惧的东西，但这些恐惧的东西并不会真正伤害你。如果理性的坚信消失了，恐惧的反应可能会被放大，并难以达到治疗效果。此外，治疗过程中不允许有回避，否则会加剧恐惧，导致治疗失败。

利用肌肉放松，缓解恐惧

一个人的恐惧反应包含躯体和情绪两个部分，而且两个部分相互影响。既然如此，当恐惧出现时，或者恐惧的事情即将发生时，我们提前调整躯体，自然也就可以达到调整情绪的目的。这也就是利用肌肉放松法，来治疗恐惧症的原理。

常用的肌肉放松法包括两种，第一种是渐进式肌肉放松法。这种放松法的操作流程的第一步是选择一个安静的环境，舒适地躺着或者坐着。接着慢慢地深呼吸 3 次，呼吸时想着自己已经开始放松了。

接着，握紧右拳头，而且越握越紧，坚持 7~10 秒。这样做时，体会右拳和右臂的紧张感。随后突然放松右拳，体会这种放松的感觉，体会 15~20 秒。

按照这种方法依次放松右臂、左手、左臂，接着再放松面部、颈部、肩膀、上背部，然后是胸部、腹部和下背部，再放松臀部、大腿、小腿，最后身体完全放松。

静下心来感受一下身体的哪个部位还没有放松，如有，再用上面的方法进行局部放松练习，直到那个部位也真正放松。

重新体验这种放松的感觉，各种七情六欲都离你远去，只感到浑身轻盈，通体舒泰。这时你可以慢慢“醒来”。

第二种肌肉放松方法是被动式放松。这种放松方法操作比较简单，先是找个安静的地方舒适地躺下或坐下。然后开始缓缓呼吸，先缓缓把气呼吸进来，直到吸气满之后，再缓缓将气吐出。借助这种缓慢的呼吸，让心情变得平静，让全身实现放松。

和渐进式肌肉放松法不同，被动式肌肉放松法不需要进行主动的肌肉绷紧和放松训练，而是在缓慢呼吸的同时，借助想象来实现放松。你可以从头部，也可以从脚步先开始，按照身体顺序，例如从左脚开始，到左小腿，到左膝，到左大腿……想象着它们正在依次放松，最后感到全身放松。

【心理点拨】　就像文章开头所说，肌肉放松法的原理是通过躯体的放松，进而影响情绪的放松。实际上，在实施的过程中，肌肉放松法不仅可以通过躯体影响情绪，它本身也可以影响情绪。它之所以有这个作用，是因为注意力转移。当你恐惧时，你的注意力主要都放在了那件令你恐惧的事情上，当进行肌肉放松练习时，你就要被迫把注意力转移到你的肌肉上。这种转移虽然短暂，但对克服恐惧却非常有效。因此，在进行肌肉放松练习时，我们要努力排除一切杂念，放下一切恐惧和担忧，把注意力全部集中在肌肉上。

利用冥想，转移注意力

有些恐惧症是短暂的，是只有遇到特定恐惧物时，恐惧才随之产生。这种恐惧症对人的影响显然要小一些。但还有一些恐惧则不是短暂的，而是持续的，例如疾病恐惧症，当患者患上了这种疾病之后，在很长的一段时间内都会经常担忧，坐立不安，紧张失眠。

对于这种持续性很强的恐惧症，必须要尽快治疗。治疗的方式很多，放松法中的冥想法就是其中之一。

所谓冥想，就是深沉地思索和想象，是停止知性和理性的大脑皮质作用，使自然神经处于活络状态。更进一步地说，冥想的作用并不仅仅是放松，还要求把你的注意力有意识地从恐惧状态中转移出来，重新集中在恐惧以外的某一点或者某一想法上，通过长时间地反复练习和坚持，让大脑进入一种更高的意识状态。这有点类似佛家禅宗所追求的“入定”。

冥想放松法的方式有很多种。例如你可以选择一个清净没有杂音的地方，缓缓坐下。然后播放一段你喜爱的音乐，例如钢琴曲或者古筝。伴着优美的音乐，你放慢呼吸，展开无边的想象。

你可以想象现在自己置身于蔚蓝的大海边，天空是那么开阔，白云是那么洁白，海浪轻轻拍打着海岸，潮湿的海风温柔地抚摸着你，顿时你感觉全身都放松了。感到你的呼吸越来越轻，越来越缓慢，你的每一次呼吸都会带走你的一份紧张与焦虑。你感觉自己身体越来越轻，渐渐离开地面，隐隐升入到洁白的云朵里……

当然，你并不一定要把场景想象在大海边。因为一切都是你自己想象的，所以只要你喜欢，你可以任意选择场景。例如你可以选择清晨的树林，可以选择第一次和女孩约会的小河边，等等。

除了这种场景冥想之外，你还可以进行联想式冥想。你可以选择一个具体的东西，作为你进入冥想的开始。例如桌子上有一瓶饮料，你可以观察它的形状、颜色。然后闭上眼睛，想象这瓶饮料的一切，诸如通过已经观察到的形状、颜色，猜测它的味道，它的产地。由这瓶饮料，你想到它的品牌，想到和这个品牌有关的故事，有关的人……

此外，还有一种简单的冥想，就如同僧人念经。你可以选择一句话，甚至一个成语，一个希望，作为你的“经”。在一个寂静的场所，你安静地坐下来，闭上眼睛，放慢呼吸，全身放松，剔除杂念，然后嘴里不断小声重复你选择的那句“经”。

冥想放松的方式很多，所以你并不需要掌握所有方式。只要你掌握了冥想放松的基本原理和基本技巧之后，你完全可以根据个人的喜好和处境，创造出适合你自己的冥想放松方法来。

【心理点拨】 恐惧会给你的身体带来紧张和焦虑，尽管每个人躯体紧张的部位可能并不相同，但躯体的紧张几乎无一例外地都会增加你情绪上的紧张，进而放大你对恐惧的痛苦感受。而冥想法既可以净化你的心灵，让你身体的紧张得到降低，甚至彻底解除；又可以把你从高度恐惧中解脱出来，转移你的注意力，让你换一下心情。这两个作用，无疑都有利于恐惧症的解决。

害怕时请你说出真心话

在诸多恐惧症中，社交恐惧是较为普遍的一种恐惧症，相信很多人都会或多或少地有一些这种恐惧症。

例如在一些社交场合，尤其是会见一些“大人物”，或者登上一些大型活动的主席台上受万人瞩目时，一般人都会感到害怕，感到紧张。你认为自己患上了社交恐惧症，并为自己的这种“疾病”而害羞。

其实，你大可不必为自己的这个反应而害羞！

没事的时候，你可以看看电视新闻，你会发现，即便是那些平时在各种场合可以侃侃而谈的成功企业家、官员等社会精英，在会见一些更高级的“大人物”时，他们说话也会结巴，手也会发抖，脸上的肌肉也会显得非常生硬。

你甚至还会发现，即便是那些经常出席各种活动的影视明星，在一些大型颁奖典礼上，他们也会有结巴、发抖、脸部肌肉僵硬等反应。

可见，任何人在一定的场合，都可能会出现不同程度的害怕和紧张。不同的是，有些人遇到这种境况时，可以很快摆脱这些情绪的困扰，而大部分人则不能。

导致这种差别的，有自信等心态方面的原因，有睿智等天赋方面的原因，有经验丰富等方面的原因，也有一些技巧上的原因。

对于大部分人来说，前三个原因不太容易短时间内有所改变，但技巧上的原因是容易快速学会的。那么该如何改变呢？答案就是当你陷入社交恐惧时，请你大胆说出你的真心话。

为什么要说出真心话呢？这是因为，在一些令你感到不太容易适应的场合，如果你说的是假话，如果你说的是你提前写好的华丽辞藻，你的情绪就很难融入到你的讲话情景之中去，你就会越陷入社交恐惧的泥潭中。

所以，你在一边讲话时，一边就会担心，下面的台词要是记不住了怎么办？听众会相信我说的这些吗？我用这种语调说话是不是合适的？相反，如果你说的是你自己想说的，在你叙述时，你的情绪不知不觉地也被拉到了你当时做事时的心态。这时，你不需要担心忘记台词，不用担心语调是否合适，你完全沉浸在自己的叙述之中，恐惧和紧张不知不觉就溜走了。

【心理点拨】 说出真心话还有一层重要意义，那就是当你真实叙述自己内心的时候，你的情绪和表情是真实的，所以你的情绪和表情也就很容易感染到你的听众。他们用表情、眼神表达着对你的支持。而听众的这些表现被你觉察到，也会像镇静剂一样，安抚着你曾经充满恐惧和紧张的心灵。你的社交恐惧感，自然也会在这种一片和谐的氛围中消失了。

乐观接受不可避免的事实

一个企业家忙碌了一辈子，终于退休了，终于可以安享晚年了，然而天有不测风云，一天他低头看地上的地板，色彩却是模糊一片。他去咨询医生，得到的答案是他的视力正在快速衰退，一只眼睛已经基本失明，而另一只眼睛离失明也为期不远了。

自己未来的人生将在黑暗中度过，自己的这一辈子算是完了，这是一件多么可怕的事情啊！被恐惧击倒之后，他瞬间老了很多，家里人都为他担心不已。

突然有一天他想明白了，对失明的恐惧比失明本身对自己的打击还大，本来面临失明已经够糟糕的了，如果再患上恐惧症，自己真是一点活下去的必要都没有了。

想到这里，他决定摆脱恐惧，方法就是乐观接受生命中的那些不可避免的事实。既然失明已经不可避免，那就不要害怕，不要逃避。对于变得越来越差的视力，他经常开玩笑说眼前浮动着“黑斑”，是“黑斑”遮挡了他的视线。

当他完全失明之后，他自信地说：“我发现我能够承受自己的失明，就像一个人能够承受别的事情一样。”

当然，承受住失明的事实，并不等于就坐以待毙。失明之后，他开始积极寻找治疗眼睛的办法。最后，当地的医生决定为他做眼睛手术。说实话，那时的医疗水平还不太发达，当地的医生水平更是一般，对于他这样一个 60 多岁的老人来说，做眼睛手术是要面临很大风险的。之前就有些老人做眼睛手术时，不仅眼睛没有治好，还把性命都搭上了。

当然，他也不是没有担忧，但他希望能够重见光明，而他所能够接受的治疗也只能达到这个水平了。既然事实不可避免，他决定抛弃恐惧，勇敢地去接受眼睛手术。

然而，忍受了很大的痛苦之后，他的第一次手术还是失败了，他依然活在黑暗中。医生告诉他，还要进行手术，而且还可能不是一次，而是接连几次手术。最令人无法接受的是，即使进行几次手术之后，医生也不能确定他能够重见光明。

对于一个 60 多岁的双目失明的老人来说，接连几次进行未知凶吉的手术，是多么可怕的事情啊。

但他依然选择了继续做手术，手术的结果比他预想的还要糟，因为一次、两次、三次……一直到第十次手术过去了，他依然活在黑暗中。

继续手术可能依然会失败，但就此停止，自己这一辈子也就永远见不到光明了，而且之前手术受的罪也白受了。于是，他继续选择做手术，直到第十二次，他才见到了光明，而且是很微弱的光明。

【心理点拨】　当灾难向你袭来的时候，通常情况下你所受的伤害是两个，一个是灾难本身带来的，一个是你对灾难的恐惧带来的。而且后者的伤害常常大于前者，这是因为恐惧是一种会递增的感觉，你当下的心如果被恐惧完全占有，那么你就会越想越害怕。你的害怕传递给了你的身体，瞬间，你的皮肤在起鸡皮疙瘩，你感到你的头发在倒立。身体的反应，又反过来影响了你的心理，于是你更加恐惧起来，而且还可能会被恐惧击倒。要想不受恐惧的伤害，方法很简单，那就是想开一点，既然不可避免，那就索性乐观接受吧！

第七章

焦躁症：别急，岁月将会给你一切

本能的需要是可以满足的，而且很容易办到。使我们焦躁不安的恰恰是其余的那些需要。

——古希腊哲学家塞涅卡

33 岁的张伟目前在北京一家家电公司从事销售工作，他坦言，销售本身就是一个压力比较大的职业，几乎每月、每周、每天，都要为销售业绩的提高而担忧。

新年之后，张伟刚到单位上班就接连遇到一些不顺心的事：作为竞争对手的另一家家电公司来了一个非常厉害的销售总监，业绩提高很快，抢占了张伟所在公司的很多市场份额，所以今年的销售任务又很难完成；去年老板答应的提高薪资水平却没有兑现；因为买不起房，女友正在闹分手。

因为这些乱七八糟的事，加上春节小长假懒散惯了，所以节后回到工作岗位上之后，张伟一直感到焦躁，不想上班，就想在家歇着。去上班的路上，早高峰人多，推推撞撞在所难免，但是只要有人触碰到张伟，他会觉得很恶心，一到公司他就会先洗手。

如果有人不小心踩到张伟，不道歉，张伟就会忍不住发火甚至骂人。张伟也知道这种行为，在别人眼里是没素质的表现，但他就是忍不住。有时，张伟还会感觉到头痛、头昏、坐立不安，有时候只是一件无足轻重的小事，就能让他变得气急败坏，焦躁不安。

现在这种焦躁的感觉一直在蔓延，有愈演愈烈的趋势，不仅工作受到了影响，生活也受到了不小的影响。到了 3 月份，实在不愿意忍受焦躁煎熬的张伟，痛下决心辞去干了 3 年多的工作，决定离开北京，到小城市找一份简单的工作。

很显然，张伟患的是焦躁症。其实，这是很多在大城市打拼的、压力太大的年轻人都容易患上的一种疾病，只要认真调整，都可以摆脱的，完全没有必要像张伟那样用换工作、换城市这样的方法进行大幅度的调整。

走近焦躁症

几乎每一天我们都会看到一些令我们愤怒的新闻：一个年轻的女孩下班之后好不容易在公交车上等到一个座位，不久之后却因为没有把座位让给刚刚上车的老人，而遭到老人的辱骂，甚至殴打；一个幼儿园的学生，仅仅因为上课不听话，就遭到幼儿园老师的严重责打；更严重的是，一个年轻的妈妈，竟然因为儿子吵闹影响了自己休息，就以先摔后掐再捂的方式，将两周岁的儿子残忍杀死……

看到这一条条令人愤怒的新闻，人们不禁要问，这些施暴者都怎么了，这么令人难以接受、令人发指的事情，竟然也去做?

其实，要解释这些现象并不难，因为现在社会压力太大，不敢说所有施暴者，至少部分施暴者患上了焦躁症。

焦躁症已经成了一种很常见的病症，它是一种欲望受到压抑而形成的，有焦虑、暴躁、担心等明显特征的神经衰弱症状。和焦虑症相比，焦躁症除了有恐惧、焦虑等症状外，还伴有明显的暴躁、易怒等特点，所以也可以把焦躁看成是焦虑的升级。

患有焦躁症的人最明显的特征就是做什么事情都特别急躁，而且过于较真，丁是丁、卯是卯，还经常性的杞人忧天，一旦身边发生一点点不愉快的事情，就会耿耿于怀，甚至起了报复别人之心。所以，那些患有焦躁症的人总是人际关系不佳，很容易将自己封闭起来。

除了以上那些特点外，焦躁症还有如下一些症状：

一是头痛，头昏，目眩，感觉嗓子受噎，呼吸困难，小小的刺激便会心跳加快。

二是注意力不容易集中，说着说着话就心不在焉，常常心烦意乱，毫无头绪。

三是脾气很大，容易愤怒，一两句话或者一点刺激，就可能会激起心中的怒火。通常，不满情绪会转化成一种隐忍，让神经饱受考验，甚至变得更敏感易怒。有的时候，怒火很可能会找到一个替罪羊，发泄在无辜者身上。

四是看到分数或者工作业绩不理想，心里就会慌张，但是又提不起劲儿好好努力。

五是昼无宁日，夜不安寝，把心机浪费在无谓的事情上，会不会失败？结果怎样？发展顺利吗？别出事故啊……种种不安和恐惧会不由自主地涌现。

焦躁的危害也是显而易见的，它危害我们的健康，破坏我们的情绪，阻碍我们学习或者事业的进步，也让我们过得非常不愉快。

那么我们为何会患上焦躁症呢？其实，患上焦躁症是很容易理解的，每天我们都忙着工作，每天我们都在为着生活而奔波，我们的压力太大了，令我们担忧的东西太多了，我们逐渐出现了焦躁情绪。本来这种情绪还只是暂时的，但长时间这种情绪得不到释放，就逐渐演变成了一种病症——焦躁症。

【心理点拨】 有些心理学家认为，在令人紧张害怕的情况下，焦躁有时候也是一种合适的情绪，因为一方面它比恐惧受的伤害要小一些，更有利于你的身体健康；另一方面也更利于刺激你采取行动来解决问题。当然凡事都应该有度，如果长期有爆发性的焦躁，或者对外部世界持有一种敌对情绪，则不利于事情的解决，对健康也有害。

检测一下你的焦躁程度

为了检测你是否患有焦躁症，请根据你自己最近一段时间的表现，如实地回答下列一些问题：

1. 上班的路上遇见了自己的初恋情人，你本想避开走，他（她）却主动走过来向你打招呼，还给了你他（她）现在的联系方式，你是不是会想他（她）想重新回到你的身边（ ）

A. 很少有　B. 有时会　C. 经常有　D. 绝大多数时间

2. 下班时遇见了你的上司，平时很严肃的他今天却对你微笑了一下，你回家后思考了很久，他是不是觉得你不错（ ）

A. 很少有　B. 有时会　C. 经常有　D. 绝大多数时间

3. 母亲节的时候给母亲打电话，母亲说她最近胳膊有点疼，你会不会怀疑母亲得了大病，甚至是恶性肿瘤（ ）

A. 很少有　B. 有时会　C. 经常有　D. 绝大多数时间

4. 晚上上网玩游戏，一不小心就玩了一个通宵，白天上班的时候一点精神都没有，总是想睡觉（ ）

A. 很少有　B. 有时会　C. 经常有　D. 绝大多数时间

5. 一喝水就上厕所，所以平时不敢多喝水，只有渴的实在不行了才去喝口水（ ）

A. 很少有　B. 有时会　C. 经常有　D. 绝大多数时间

6. 只要老板一批评自己，整个晚上就失眠，总觉得老板会开除自己（ ）

A. 很少有　B. 有时会　C. 经常有　D. 绝大多数时间

7. 每天总有一段时间会莫名其妙的烦躁，老是唉声叹气，感觉生活工作特别没意思（ ）

A. 很少有　B. 有时会　C. 经常有　D. 绝大多数时间

8. 回家的路上，看到商店橱窗里的精美商品就一阵难受，感叹自己什么时候才能买得起，回家后更是心情不好（ ）

A. 很少有　B. 有时会　C. 经常有　D. 绝大多数时间

9. 挤公交和地铁的时候，一旦遇到高峰期，马上就会心情很差，而且情绪变得很焦虑，感觉整个世界一片混沌，特别地想发火（ ）

A. 很少有　B. 有时会　C. 经常有　D. 绝大多数时间

10. 一件需要自己马上做决断的事情发生后，自己却迟迟做不出确定，前怕狼后怕虎（ ）

A. 很少有　B. 有时会　C. 经常有　D. 绝大多数时间

11. 每个工作日起床时都觉得无比痛苦，恨不得每天都是星期天（ ）

A. 很少有　B. 有时会　C. 经常有　D. 绝大多数时间

12. 有时候自己根本无法控制自己，明明知道这件事情不能去做，但还是忍不住去做了（ ）

A. 很少有　B. 有时会　C. 经常有　D. 绝大多数时间

13. 当自己工作不在状态的时候，就会十分的焦躁（　）

A. 很少有　B. 有时会　C. 经常有　D. 绝大多数时间

14. 如果有一件事情还没有做完，但是你不得不去做另外一件事情，这个时候你就会特别的焦躁（　）

A. 很少有　B. 有时会　C. 经常有　D. 绝大多数时间

15. 每到发工资的时候，就觉得自己特别失败，自己一个月才赚这么点钱，什么时候才能实现财务自由啊（　）

A. 很少有　B. 有时会　C. 经常有　D. 绝大多数时间

【心理点拨】　以上问题选择 A 计 1 分，选择 B 计 2 分，选择 C 计 3 分，选择 D 计 4 分，最后得分结果乘以 1.25，最后四舍五入取整数。如果你的得分达到或超过 50 分，那么你一定是一个有焦躁症的人；如果你的得分在 40~50 分之间，那么你就是一个有轻度焦躁症的人；如果你的得分在 40 分以下，那么恭喜你，你一定是一个没有焦躁症的人。

克服焦躁症的常用方法

和焦虑症类似，引起焦躁的原因也包括遗传和生理因素、早年成长历程、外界环境因素、个人自身原因及应激性事件等。尽管致病原因是多样的，但最主要、也是最可以利用其进行治疗的还是心理方面的原因。

那么，对于每个患有焦躁症的人来说，该怎么利用心理方面的原因，才能够让自己早日摆脱这一病症所带来的痛苦呢？

一是找出自己焦躁的原因。比如说，你是一个即将参加高考的学生，随着高考时间的日益临近，你就变得越来越焦躁，压力非常大，这个时候你就应该明白：自己焦躁的原因就是自己有一些知识点没有巩固好，害怕在考场上发挥得一塌糊涂。所以，到了这个时候，你就应该查缺补漏，积极地去巩固和强化那些自己还有些不太精通的知识点，如此才会让自己尽快摆脱焦躁症的困扰。

二是将自己担忧害怕的事情记在笔记本上，然后制订相应的计划去积极执行。一件事情，你现在办不成，不代表你永远办不成。只要你还有信心，还能够积极地面对，那么你又有什么好担忧害怕的呢？所以说，当你遇到困难与挫折的时候，就应该去制订周密的应对计划，而不是整日里唉声叹气，焦躁不安。

三是学会往好的方面去想，不要总是用悲观的眼光去看待这个世界。毫无疑问，当你将一件事情想象得很美好的时候，你做这件事情的时候就会百分百的投入。而当你将一件事情的前景看得很暗淡的时候，你做这件事情的时候就会行动迟缓、毫无信心，即便别人逼迫你去做你也不会全力以赴。那么，你再想一下，当你投入百分百的热情与精力去做一件事情的时候，你能做不好吗?

所以，我们在做事情的时候，一定不能太过急躁、太过悲观，而是要学会往好的方面去想，不要总是用悲观的眼光去看待一切——当你的眼睛里时刻充满阳光的时候，你的世界将永远都是晴朗的艳阳天。

【心理点拨】 参加过1000米长跑的人都知道，最辛苦的不是最后那200米，而是你刚刚跑完200米之后。这个时候，你会觉得双腿开始发沉，呼吸越来越急促，肺好像要炸了一样，身体所呈现出的是一种极限状态，尤其是在你跑到400米的时候，身体的疲劳更是达到了一个巅峰。如果你这个时候选择了继续坚持下去，那么呼吸会逐渐变得顺畅，步履也会越来越轻盈。同样，生活也是这样的一个道理，当我们在经过一段时间的奋斗之后，千万不能因为距离终点还有好远就放弃，而是应该摒弃焦躁的心态，继续坚持下去，直到跑到终点为止。

音乐，有助于缓解焦躁

一曲优美舒缓的音乐能够让我们在累的时候忘记疲劳，一曲动情而又火爆的音乐能够让我们在悲伤的时候感到快乐……总之，音乐就是一剂“万能药”，能够治愈我们情绪上的各种“疑难杂症”，尤其是对于内心焦躁的人来说，听音乐不仅仅是一种难得的享受，更有助于他们摆脱思想上的包袱，重新回到轻松快乐的人生轨道。

科学家们通过研究发现，喜欢听音乐的人或者是生活在有音乐环境中的人，比一般人要外向活泼许多，他们患上心理疾病的概率也比其他人要低得多。最常见的例子就是，那些在准妈妈肚子里经常听音乐的胎儿，出生后要比那些在胎儿时期没有听多少音乐的孩子要活泼得多。根据美国哈佛大学医学院的一项研究记录显示：50 个一年内每天都听音乐的人要比另外 50 个一年很少听音乐的人健康许多，不论是血压、心率、人体新陈代谢等各方面，都要高出一大截！此外，美国哈佛大学医学院通过这项跟踪调查实验还得出这样一个结论：听音乐有助于缓解焦躁，使人的生活状态更放松。

哈斯勒姆是纽约一个黑人社区的公园管理员，还不到四十岁的他就已经两鬓斑白，看上去像是一个年近古稀的糟老头子，附近的一位朋友见着他的时候都这样打趣他：“哈斯勒姆大叔，您怎么这么喜欢上班，像您这个年纪的人都已经去环游世界了，再不去上帝就不会给他时间了！”每次被这位朋友打趣的时候，哈斯勒姆都咧开嘴微微一笑，装作什么都没有发生的样子。不过，他微笑的时候，脸上的皱纹更清楚，人显得更老了。

为什么哈斯勒姆会显得比正常人要老许多呢？原因就是他每天都生活在焦躁中。而哈斯勒姆之所以会焦躁，很大的一个原因就是自己的家庭状况不好。哈斯勒姆生活的那个黑人社区每天都充斥着暴力、毒品和犯罪，而哈斯勒姆的妻子也是一位瘾君子，再加上家里有七个孩子，生活的重担在压得他喘不过气来的同时，也让他每天都生活在焦躁中。

因为焦躁，哈斯勒姆经常无端发脾气，有时候一发脾气就会和妻子争吵，甚至殴打自己的孩子。一次，哈斯勒姆在吃饭的时候不小心被小儿子撞了一下，他突然就暴怒了，一把拎起小孩将其扔了出去。幸运的是，小儿子最终落在了一堆破衣服里，才没有被摔成重伤。

就在哈斯勒姆的焦躁情绪越来越严重的时候，一位心理医生推开了他的家门——他暴躁发怒后将正在吸食毒品的妻子打成了重伤，而他也被送进了警察局，警察们在发现他有严重的暴力倾向后告知了法院。2013 年冬天的时候，法院派遣了一位社区心理医生去帮助哈斯勒姆。

前来为他诊治的心理医生叫作麦罗德，一位风度翩翩的白人中年男子。麦罗德在了解了哈斯勒姆一家的实际状况后，马上为他们家申请了一份私人公益基金的救助金，大大缓解了他们家窘迫的经济状况。随后，麦罗德医生每天早上都带着哈斯勒姆去一次教堂，在教堂听那舒缓而又温暖的教会音乐，帮助他慢慢地平复自己的心情，尝试着一点一点地去释放他心中的压力。

渐渐地，在麦罗德医生的帮助下，哈斯勒姆的情绪不再像之前那样焦躁了，偶尔在街头看见某些值得一笑的事情时也会咧开嘴大声地笑起来，而不再像之前那样整日里都皱着眉头。一年多以后，哈斯勒姆已经彻底告别了焦躁的情绪，就算生活压力非常大的时候，他也会微笑着去面对了。之前经常打趣他的那位老朋友对此感到很不可思议，总是追着哈斯勒姆问他现在为什么会活得轻松起来。起初，哈斯勒姆总是笑笑不说话，后来被问得实在忍不住的时候，他笑着告诉他："你每天都听赞美诗，你每天都生活在上帝赐予你的歌声里，你怎么还会焦躁呢？生活中的压力虽然很大，可那又怎能掩盖住音乐所带来的快乐呢！"

哈斯勒姆能够走出人生的阴霾期，虽然不仅仅是靠音乐这剂良药，但不可否认音乐在他的生命中起到了相当大的作用。现如今，随着社会生活节奏的逐步加快，越来越多的人开始陷入了焦躁的生活状态之中，他们忙着赚钱，忙着为孩子报各种补习班，忙着为父母创造更好的养老条件，忙到连听音乐的时间都没有了。

生活，一旦失去了音乐的滋润，那就会紧紧地绷成一根拉紧的弓，每一天都是紧张的，每一天都是沉重的，而紧张与沉重则会让你陷入无休止的焦躁状态之中去……所以，对于那些紧张焦躁的人来说，每天不妨让自己多听听音乐，再忙再累，也要给自己留一点听音乐的时间。下面我们就来看看，经常听音乐对人有哪些好处。

听音乐能够让人的神经更放松。据科学家研究，听音乐的时候人的神经都处于一种非常放松的状态之中，血管、心肺等身体器官会更加平稳运行。所以，每天听听音乐，对于深陷焦躁情绪中的人来说，无疑是一件很有帮助的事情。

听音乐能够让人打开心扉。音乐能够让人打开自己的心扉，乐于接受一些自己平日里不太乐意接受的事物，而且能够和周围的人进行更深入的交流。因此，听音乐能够让那些焦躁的人变得乐于与人交流，将生活中的各种不快发泄出去，最终让自己不再那么焦躁。

听音乐能够有助于睡眠。很多轻柔的乐曲都是不错的催眠曲，舒缓的音乐从心田慢慢流淌而过的时候，能够让人的心情更加的平静，从而使得人的心跳减缓快速进入睡眠状态，并且能够提升人的睡眠质量。很多人之所以焦躁，睡眠不好也是他们身上的一大特征。所以，对于这些人来说，在音乐中沉沉睡去，不啻为一件美事，因为良好的睡眠能够令他们的焦虑情绪大大减缓。

听音乐能够丰富生活。很多人之所以深陷焦躁的情绪中无法自拔，一个很大的原因就是他们的生活压力太大了。生活每天都在继续，音乐每天也都存在。听音乐在令人感受到音乐之美的同时，也能够让人感受到生活中的美，从而让人身心放松，慢慢不再焦虑。

【心理点拨】 世界上最伟大的音乐家之一柴可夫斯基说过：“音乐是上天给人类最伟大的礼物，只有音乐能够说明安静和静穆。”如果你内心的痛苦与焦躁无法宣泄，那你不妨就去倾听音乐，音乐是一泓清泉，更是一只抚平你内心的焦躁与不安的温暖之手。所以，当我们感到焦躁的时候，不妨给自己放上一首宁静优美的乐曲，让自己在跳跃的音符中逐渐平静下来，重新感受到人生的美好。

人生慢一些，焦躁远一些

很多时候，我们之所以会陷入焦躁的深渊久久无法自拔，很大的一个原因就是我们在人生的道路上跑得太快，或者说我们想在人生的道路上跑得快一些，结果是越快或越想快的时候，焦躁开始侵入我们的生活。

我们活得这么焦躁，很大程度上与我们自身的欲望有关——我们习惯追求的不是快乐与幸福，而是和别人比谁更快乐和幸福；我们习惯追求的不是财富和名望，而是和别人比谁更有钱、谁更有名。结果，我们只顾着仰望别人的快乐幸福、财富名望，却忽视了自己已经得到的一切，变得越来越焦躁。

要让自己慢下来，其实很简单，那就是活得洒脱一些，不要总是去和别人攀比，而要学会去和别人进行比较。比如说，你是一个喜欢写作，将文学视为生命的人，那你就不要和那些企业家们去比财富，而是应该这样去想，他得到了财富，你体验到了文学之美，原来上帝是如此的公平！人生幸福与否，活得焦躁与否，关键就是要看你和谁对比，选好参照物，人生才能幸福。当然，我们就是和同一类人相比，就算他们比我们成就更高，我们也不应该陷入焦躁之中，而是应该保持良好的心态，迎头赶上。

当然，人生慢一些，并不是让我们干什么都慢腾腾，而是应该在保持积极心态情况下的一种“慢”。

有这样两个兄弟，哥哥是个急性子，弟弟是个慢性子。有一天，急性子哥哥掉进了水塘里弄湿了裤子，于是就跑回家背对着火盆烤裤子。由于烤干裤子需要很长时间，急性子便拿过一本书看了起来。由于看得太专注，急性子哥哥后背上的衣服开始慢慢冒起了烟，他却一点儿都没有感觉到。

就在这个时候，慢性子弟弟走进了屋里。他看见哥哥后背上的衣服冒烟了之后，却不紧不慢地对哥哥说道：“大哥，有件事情我想跟你说一下子，但是又怕你听了之后会生气。”

“啥事儿，你赶紧说吧，慢腾腾的！”急性子哥哥没有好气地说道。

“我还是仔细想想要不要告诉你吧，因为你听了之后肯定会不高兴。而且你一直都是这样的人，一听到不开心的就发脾气，所以我还是想想要不要说吧！”慢性子弟弟慢吞吞地说道。

“你说吧，你说了我绝对不生气！”

“好吧，你后背上的衣服正在冒烟呢，好像快要燃烧了，啊，烧起来了！”

慢性子弟弟的话音未落，急性子哥哥就感到后背一阵灼烧，一扭头发现衣服已经蹿起了火苗。情急之下，急性子哥哥一把撕开纽扣就将衣服扔在了地上，然后端起旁边脸盆里的水泼了过去。紧接着，急性子哥哥抡起巴掌就给了慢性子弟弟两个耳光，打得慢性子弟弟眼冒金星……

人生慢一些，并不是说对任何事情都不放在心上，而是要合理地去安排时间，有计划地去做自己该做的事情，不能着急冒进，而是有步骤地一步一步去实现计划。倘若，你跟故事中的这个慢性子弟弟一样，那这样的“慢”绝对不是我们所需要的！

【心理点拨】　慢，是一种生活态度，不是一种做事进度。如果你整日里都在着急，急着想把十年完成的事情在一年内做完，那么你肯定会陷入深深的焦躁中。所以，你要想让自己能够领略更多的生活之美，体味更多的人生快乐，那你就应该懂得“慢”的重要性，不要太过急功近利——一边拥有好的生活品质，一边拥有良好的工作状态，这样才能够远离焦躁，活得幸福又快乐！

抱怨让你越来越焦躁

很多的人之所以总是感到焦躁难安，很大的一个原因就是他们总是喜欢抱怨。白天上班的时候被老板批评了一顿，他们抱怨是工作环境不好才导致自己没有把工作做好，而不是因为自己不够努力；夜晚回到家里和妻子发生了争吵，他们抱怨是妻子太过无理取闹，而不是自己不懂得忍让……

可以说，在现实生活中，这样的人是非常常见的，他们每天都生活在抱怨中，也每天都生活在焦躁中。那么，对于这样的人来说，该怎么做才能够让自己停止抱怨不再焦躁呢？

一是要有宽广的胸襟。人们常常说："宰相肚里能撑船。"其实不只是宰相的肚子里能撑船，任何一个胸襟广阔的人都有这样的肚量来撑起大船。每一个人都希望自己的生活可以一帆风顺，但是现实总是不尽如人意，大家都会遇到很多问题，只有把这些问题都解决了，才能够让自己越来越强大。而一个人强大的标志就是他能有广阔的胸怀，可以包容别人，如果真的能够做到这些，那么这样的人才算是真正的成功。

二是忘记那些吃亏的事情吧。其实很多人会一直抱怨生活中的人们总是对自己如何不好，自己是怎么吃亏的，如果你能够让这些东西都随风而去，那么你就不会再为了这些事情烦恼。无论什么事情都不要做得太绝，你对别人大度一点，可能别人会用一种完全意想不到的形式回报给你，这个就是人生的惊喜。

所以说，如果我们想要摆脱焦躁症的困扰，那么我们就必须从做一个不爱抱怨的人开始！

【心理点拨】　生活中，我们总是能够听见很多人抱怨自己出身不好，抱怨自己不是“官二代”“富二代”，将自己无法实现理想的原因归结于没有一个优渥的家庭环境。事实上，他们迟迟无法取得成功的最主要原因就是自己不够努力！试想一下，一个整天怨天尤人且毫不努力的人，又怎么会取得成功呢？对于那些出身低微的人来说，上苍也给予了同样的改变命运的机会——只要你足够努力，只要你选对了正确的奋斗方向，不要因为眼前的“失”而放弃未来的“得”，那么你肯定能够实现自己的人生理想！

静心的女人不焦躁

对于一个女人来说，人生最大的希望是什么？相信，有一大半女人会给出这样一个答案：好希望自己拥有一份不沉闷的工作，在不是自己如花似玉的年纪里，遇见一个长得还不算难看的男人，谈一场不咸也不淡的恋爱，拥有一个没有争吵只有祝福的婚礼，生养一个可爱漂亮的宝贝，平平安安地度过自己这恬淡的一生，我们想要的，其实一直就是这么简单。

可是，因为我们的内心不够宁静，这样一个简单的爱情与人生总是迟迟无法达到，反倒让自己一直生活在焦虑之中。那么，我们为什么会这样呢？

答案是：很多女人的内心之所以不够宁静，就是因为她们错误地把男人当作自己的一切，在她们的眼里男人就是头顶的那片天，她们可以全身心地去为男人付出一切，只求他们能够为自己遮风挡雨。因此，只要她们所依赖的男人那里出现一丁点的风吹草动，她们马上就会风声鹤唳草木皆兵，那颗原本就不够宁静的心更是波澜四起，最终每天都疑神疑鬼，生活中剩下的只有焦躁与不安。

可以说，这类女人都是愚蠢的女人，因为把自己的一生寄托在一个男人身上的做法都是愚蠢透顶的——女人，你为何不去做一个静心的女人呢？你要知道，与其将所有的赌注都押在一个男人身上，还不如去好好地为自己而活，因为这个世界上最愿意帮助你的人只有你自己，只要你静下心来去奋斗，那你一定会得到自己想要的生活，而不是一直生活在焦躁之中。

著名漫画家、作家丰子恺说："你若爱，生活哪里都可爱。你若恨，生活哪里都可恨。你若感恩，处处可感恩。你若成长，事事可成长。不是世界选择了你，是你选择了这个世界。既然无处可躲，不如傻乐。既然无处可逃，不如喜悦。既然没有净土，不如静心。既然没有如愿，不如释然。"

所以说，做一个静心的女人，还要懂得释然，懂得为自己而活，这对于女人来说无疑是最聪明的选择，因为这可以让女人独立，也更有谋求幸福、追求浪漫爱情的底气与资本。我们只要静下心来，思考明白自己究竟是为什么而活、为谁而活的问题，就能够更好地去面对这个世界，最终让自己成为一个不再焦虑的幸福女人。

【心理点拨】　有人说："一个女人不学习，就像清水煮面，吃得饱没有味道；一个爱学习的女人就像一本好书，看了一页还想看下一页；漂亮的女人只能让男人停下，智慧的女人能让男人留下！让一个男人爱上一个女人很容易，但让一个男人既爱这个女人又尊重这个女人却不容易，所以女人只有经济独立、思想独立、能力独立才能人格独立！”可以说，这句话真说到女人的心坎里去了，我们只有静下心来为自己而活，才能够活得漂亮，才能够做一个心平气和且永不焦躁的美丽女人。

选择对了，才会不焦躁

一个阳光明媚的午后，古希腊圣贤苏格拉底带着学生们来到了果园里，此时正值金秋时节，每一棵果树上都挂满了散发着香甜味的果子。苏格拉底对学生们说："现在你们可以每人沿着一行果树走下去，从果园的这头走到果园的那头，在走的过程中你们每人可以摘一枚自认为是最大最好的果子，记住，只能摘一枚，也不许走回头路，我不允许你们做出第二次选择。"

苏格拉底讲完话之后，学生们就出发了，他们各自选择了一条自认为还不错的路走了下去。

大约过了半个小时的时间，学生们都走到了果园的另一头，当他们聚在一起的时候却发现老师苏格拉底正在不远处看着他们。

"你们都摘到自己满意的果子了吗?"苏格拉底走过来问道。

此时，学生们脸上都露出了惭愧之色，因为他们每一个人的手中都空空如也。

"老师，能不能让我们再从新走一回，我们都发现了自己想要的，不过都没有来得及摘下来。"

"你们是时间不够充足吗？不是你们来不及，而是你们总是觉得下次还会遇到更大更好的果子，等时间溜走，等路程走完，你们才发现自己手里什么东西都没有，哪怕是一颗很小的果子。人生何尝不是如此呢，只要是对的选择，就应该马上抓住，不要等着下一次，因为人生不能重来。”

人生道路上，谁走得最风光，关键就是看他所做出的选择——选择对了，人生就会幸福；选择错了，你就会拥有一个焦躁的人生。所以，我们就必须做一个会选择的人，在遇到合适的机会之时，一定要及时作出正确选择，千万不能瞻前顾后，等到机会失去了之后再选择焦躁不安的活法。

【心理点拨】　生命中有许多你不想做却不能不做的事，这就是责任；生命中有许多你想做却不能做的事，这就是命运。我们在追求幸福的道路上总是做出错误的选择，很大程度上是因为我们的心里只装着自己。人都是自私的动物，这话说得一点儿都不假。正是因为我们的自私，才导致我们鼠目寸光看不见更长远的利益，最终让自己生活在焦躁不安之中。所以，我们要想做一个会选择的人，那就必须先从做一个不自私的人开始。

BINGMO XINLI XUE

病魔心理学

治愈导致你内心不安的 11 种病症

第八章

失眠症：把夜晚丢失的时间找回来

睡眠完全是一种习惯，一个人没必要睡那么多，鱼整夜在水中游动不睡觉，马晚上也不睡觉。人睡得少一点，就能多做一些事。

——美国发明家爱迪生

一年前，张某成了城郊某个村的村长，以前看到别人做村长做得很悠闲，自己走马上任后才知道，村长别看官不大，但事情可不少。村里大大小小、前前后后的事情，自己都要过问，隔三差五的还要应酬，为了村里的发展还得走家串户，有的时候还不能得到村民的理解。

很快张某患上了失眠症，每天晚上都睡不着，甚至吃药也没有效果。眼看自己精神一天不如一天，他非常焦虑，总担心自己也许快撑不下去了。

就在这时，他听说广东某地一名检察长跳楼身亡，媒体怀疑是严重失眠引发精神焦虑而自杀。听到这个消息后，张某更加焦虑了，他总担心自己也会有那一天。一到晚上，他总是试图强迫自己入睡，一旦睡不着，他就会恐惧，就会焦虑。

但越是这样，他就越睡不着。有时情况严重时，他竟然五天五夜没有睡着。可以想象，在这五天里他有多么焦虑和恐惧。

最后，他甚至想与其如此，不如死掉算了。幸好他没有像那位检察长那样走上了自杀的道路，而是选择了治疗，并最终摆脱了失眠症的困扰。

不可否认，失眠是很折磨人，但实际上失眠并不可怕，无数的事实证明，为失眠而忧虑所产生的损害远远超过失眠本身。现在，就让我们走近失眠，看清失眠到底是怎么回事？究竟该如何应付失眠？

走近失眠症

什么是失眠症呢？

医学家们一定会这样告诉你："失眠是指无法入睡或无法保持睡眠状态，导致睡眠不足，又称之为入睡和维持睡眠障碍，它是由因为各种原因引起的入睡困难、睡眠深度或频度过短、早醒及睡眠时间不足或质量差等失眠症，是一种常见病。"

失眠症很容易识别，通常有如下一些症状：入睡困难；不能熟睡，睡眠时间减少；早醒、醒后无法再入睡；频频从噩梦中惊醒，自感整夜都在做噩梦；睡过之后精力没有恢复；发病时间可长可短，短者数天可好转，长者持续数日难以恢复；容易被惊醒，有的对声音敏感，有的对灯光敏感；很多失眠的人喜欢胡思乱想；长时间的失眠会导致神经衰弱和抑郁症，而神经衰弱患者的病症又会加重失眠。

现代社会，随着人们生活水平的日益提高，工作、生活节奏的日益加快，越来越多的人开始患上了失眠症。根据国内的一项权威调查，目前我国有 38%的人存在着睡眠问题。更为重要的是，失眠问题也导致人们的幸福感严重降低，身体健康受到严重影响。

下面，我们就来看看失眠症给人们所带来的危害：

一是从短期效应来看，睡眠不足直接影响的是第二天的工作与学习，精神萎靡，疲惫无力，情绪不稳，注意力不集中。

二是从长远的角度来看，危害更是巨大和深远的：大多数患者长期失眠，越想睡越睡不着，越急越睡不着，易引发焦虑症；同时失眠对于很多人来说都有诱发某种潜在疾病的可能，如植物神经功能失调，易患神经功能亢进等，出现手脚心多汗、心悸、心跳快、呼吸急促、肌肉收缩、颤抖、尿急尿频、胸部有压迫感、腹胀而泻、咽部阻碍感、多汗、四肢没力麻木等症状。

三是失眠对人的社会性也会造成极大的危害，由于长期陷入对于睡眠的担心与恐慌中，人会变得多疑、敏感、易怒，以及相当的缺乏自信，这些势必影响其在家庭和工作中各方面的人际关系，从而产生孤独感、挫败感。

正是基于上述原因，每一个有睡眠问题的人都应该及时就医，不然会遭受更严重的“睡眠伤害”——你只有睡得好，才有精力去把事业干得更好；你只有睡得好，才能有足够的身体资本在这个世界上闯出一片天来！

【心理点拨】 需要注意的是，失眠症会诱发抑郁症。从临床应用上看，如果是轻度患者，可适当服用安定类药物进行控制，但切忌长期使用以免产生药物依赖，让病情进一步恶化。另外，这类患者应该培养起较好的生活习惯，如晚饭后多散步，平常多运动等，这些对于症状的恢复均有很好的帮助。

检测一下你的失眠程度

失眠就是入睡困难，所以睡眠的检测也非常简单。根据自己最近的表现，认真回答下列问题，即可检测出你是否患有失眠症。

1. 关灯后到睡着的时间（　）

A. 一点问题都没有，倒头就睡着了

B. 有一定的延迟现象

C. 延迟现象很明显

D. 迟迟无法入睡，甚至彻夜失眠

2. 夜间是否苏醒（　）

A. 一觉睡到大天亮。

B. 有时候会醒来，但一个月只有一两次

C. 几乎每个月有一半的时间会提前醒来

D. 每天都会早醒，甚至睡眠时间只有两三个小时

3. 每一天的总睡眠时间（　）

A. 每天都睡够 7 个小时以上

B. 每天都低于 7 个小时，但多于 5 个小时

C. 每天勉强达到 5 个小时

D. 每天低于 3 个小时

4. 白天的身体状态如何，诸如记忆力、精神、行动能力等（ ）

A. 身体很棒，一点儿问题都没有

B. 轻微的不适，但没有太大影响

C. 显著的影响，干什么都觉得累

D. 严重影响，什么都干不了

5. 白天是否嗜睡（ ）

A. 除了正常午休，其他时间都不困

B. 总是有点想睡觉

C. 白天经常打盹，有时候能睡好几个小时

D. 非常困，一有时间就找个地方睡一会儿

【心理点拨】 本测试题选 A 得 0 分，选 B 得 1 分，选 C 得 2 分，选 D 得 3 分。如果你的累计总分小于 6 分，则说明你无失眠症；如果得分在6~8 分之间，则说明你有可能失眠，需要注意调养；如果你的得分在 8 分以上，则说明你是一位失眠症患者，你应该抓紧治疗。

哪些原因导致了失眠

要治疗失眠，首先就要清楚地知道自己因为什么而导致了失眠，知道了失眠的原因，才能有的放矢。一般说来，失眠的原因主要有如下几种：

一是因身体疾病造成的失眠。例如泌尿系统疾病导致患者总是有想上厕所的感觉，结果频繁起床，从而导致失眠。此外，如疼痛、瘙痒、剧烈咳嗽、气喘、吐泻、心悸、疲劳过度等，都可能引发失眠。

二是因生理因素造成的失眠。诸如饮浓茶、咖啡、酒，环境改变、出差引起的时差现象等都可影响睡眠。

三是环境原因。睡眠的质量与睡眠环境有很大关系，如果睡觉的地方气温太高或者太低，如果太过于嘈杂，如果光线太强，如果老是有各种干扰，都可能会引发失眠。

四是用脑过度。现代社会脑力劳动者越来越多，他们用脑时间过长，又不注重对大脑的放松，导致大脑疲劳，入睡困难。即使勉强入睡，睡眠质量也会非常低。

五是精神疾病导致的失眠。失眠是很多精神疾病的表现症状，诸如神经衰弱、抑郁症、焦虑症等，都会引发失眠。

六是坏习惯导致的失眠。喜欢躺在床上看书、看电视、吃东西，夜生活过于丰富，生活作息混乱，睡前饱餐，饮用刺激性饮料，剧烈运动等习惯，都会引发失眠。

七是创伤性事件。诸如亲人死亡、夫妻离异、失业、公司倒闭、股票起落，造成情绪不稳定、失落、惊慌，久久不能平静，以致夜夜难眠，但通常一两个月就会恢复，是短期的失眠，但少数也会演变成慢性失眠。

此外，对失眠的恐惧也会引起失眠。有的人对睡眠的期望过高，认为睡得好，身体就百病不侵，睡得不好，身体易出各种毛病。这种对睡眠的过分迷信，增加了睡眠的压力，容易引起失眠。

【心理点拨】　从上面的原因可以看出，并不是只有身体上的故障会引发失眠，心理压力得不到排解同样会带来失眠；同理，并不是只有心理压力过大才会导致患上失眠，身体的不适也同样不可小觑。所以，做好身和心的全面调节，才能让自己晚上睡个好觉。

哪些人的“睡商”比较低

“睡商”，这是一个看起来和“情商”“智商”等词语差不多的词汇。但是呢，它的本质却是你对睡眠知识以及自己睡眠质量把控的一个名词。一般来说，“睡商”高的人都具有这么几个特点：精神焕发，注意力集中，皮肤光亮，思维敏捷等。而那些“睡商”低的人呢？他们大多看上去一副无精打采的样子，做事情不够专注，老是忘东忘西，什么事情都做不到位。

那么，在现代人群中，那些人是“睡商”较低的人呢？

一是不重视睡眠的人。这类人身上最大的特点就是不重视睡眠的重要性，总是觉得稍微休息休息就好了。一般来说，这类人以现在的年轻人居多，他们白天上课或者上班，累了一天后晚上还要进行丰富的夜生活，出去唱歌吃夜宵，或者是大半个晚上都在打网游。他们的口号是：“终身与睡魔做斗争，人死了以后有的是时间去睡觉。”可是，他们不知道，自己在与“睡魔”进行斗争的时候，“病魔”也悄悄地来袭了。

二是恐惧失眠的人。这类人最大的特点是总担心自己会睡不着。他们偶尔有过几次难以入睡的经历后，便开始恐惧睡眠，老是觉得自己会睡不着，结果情况越来越严重，最终患上了失眠症。

三是挑剔的“睡眠族”。他们最大的特点就是挑剔，换个房间睡不着，换个枕头睡不着，去陌生的地方睡不着……对于这类人来说，最应该做的就是别再挑剔了，你越挑剔，失眠症就越可能成功“俘虏”你。所以，还是不要再挑剔了，安安心心地睡个好觉、做个好梦比什么都重要。

四是压力大的失眠者。这类人之所以失眠，就是因为学习、工作中的压力太大而失眠。他们失眠的一个最主要原因就是重压之下的焦虑。所以，对于他们来说，学会卸下压力，做一个会轻松工作生活的人，才能够不再失眠，不再属于“睡商”低的人。

【心理点拨】　如何提升自己的“睡商”呢？关键就是要分析清楚自己属于哪一类“睡商”低的人，然后再根据自身情况，制订出合理的改进计划，如此就会让自己的“睡商”不断提升，最终成为一个高“睡商”的人——如果你能够让自己的“睡商”提升到一个相当高的等级，那么恭喜你，你已经拥有了走向成功的第一桶金，身体资本！

遭遇失眠，你不可焦虑

对于那些饱受失眠困扰的人们而言，“好好地睡上一觉”已经成为一种奢望。尤其在那些名人中，失眠症的比例更是比常人高出数倍。

例如崔永元就是一个“资深”的失眠症患者，他经常失眠，一度曾经达到五天五夜没有睡觉，最后终于住进了医院；例如李咏，他坦言每天也就对付睡 4 个小时；例如孙燕姿曾经因为失眠而退出歌坛一年……如果把这份名单列下去，还会很长。

睡眠不仅让我们白天没有精神，不仅影响了我们的健康，还让我们因为失眠而焦虑。失眠真的有这么可怕吗？实际上并不是。

首先失眠并不像我们想象的那样严重影响我们的健康。例如美国著名发明家爱迪生每天只睡 4 个多小时，依然身体健康，还活到了 84 岁；德国著名作家歌德经常失眠，活到 83 岁；英国著名哲学家斯宾塞经常失眠，还活到了 83 岁。

其次失眠可能更有利于你走向成功。例如国际知名律师安特梅尔一辈子没有睡过好觉，大学时晚上别人都在睡觉，他睡不着，只好看书，结果让他成为那所大学最优秀的人；成为律师后，他常常夜间工作，别人还没有起床时，他就已经做了很多工作，让他很快成为一名优秀的律师。再例如崔永元，他失眠的时候，正好可以利用夜深人静的时候看书，从而为他打下了很深的文化根基。

由此可见，失眠并不可怕，也没有你想象的那么严重，所以，如果你是一个“资深”失眠症患者，请你不要为此而焦虑。无论是要走出失眠的困扰，还是学会与失眠和谐共处，不焦虑都是一个重要前提。

【心理点拨】　有人说，担心失眠比失眠本身更让人焦虑。静下心来想一想，我们人类的一生大约有三分之一花在睡眠上。我们之所以重视睡觉，很大程度是因为那是我们人类的习惯。一旦违背了这个习惯，一旦失眠了，我们就会焦虑。那么你有没有想过，在这个世界上从未有一人因睡觉不足而死亡。既然失眠并不会让你死亡，还反而会让你走向成功，那你还有什么好担心的呢？

心理暗示是失眠症的良药

曾经有两个这样的故事：

很多年前在波兰最大的城市华沙，一群儿童在嬉戏。一个吉卜赛女巫托起一位小姑娘的手，仔细看了看说：“你将会世界闻名！”一晃多年过去了，女巫的“预言”真的应验了，这小姑娘就是后来的居里夫人。

另一个故事是，一位工人下班后不小心被锁在了“冷库”里，当第二天被人们发现时，他已经被冻死了，而令人惊奇的是，那天根本就没通电，冷库里只是常温！

这两个故事表达的是什么意思呢？答案是心理暗示。在第一个故事中，世界上并没有什么准确的预言，女巫的预言只不过是给居里夫人注入了一种“成功”的信念，靠着这个信念，她最后终于取得了成功。在第二故事中，本来冷库并不像那个人想象的那么冷，但他认为很冷，认为自己就要被冻死了，就是这种心理暗示不断让他感到寒冷，最后他被冻死了。

把心理暗示这个原理运用到解决失眠症问题上来，效果也是明显的。

不可否认，很多人的失眠是有具体原因的，例如生活、工作压力大，例如周围环境过于嘈杂，例如患有神经衰弱症等。但一个资深的医生告诉我们，引起失眠的主要原因是心理原因，而不是其他原因。所以对于大部分失眠症患者来说，我们完全可以通过心理暗示，来摆脱失眠。不仅如此，通过心理暗示，我们甚至还可以把引起失眠的具体原因也顺便解决。

例如一个白领经常加班，老是感觉自己的工作压力很大，老是感觉自己很疲惫，以至于失眠。学会心理暗示之后，他告诉自己，自己的工作压力并不大，自己完全能够胜任；自己一点也不累，回到家后依然精力充沛。因为压力减小了，他的心情愉悦了，失眠的困扰也自然消除了。

那么对于那些“资深”的失眠症患者来说，应该如何进行心理暗示呢？

一是暗示必须是积极的，因为消极的暗示只会让你在失眠的道路上越走越远。你需要不断告诉自己：自己现在心情很好，状态也很好。对于外界的得失，自己看得很淡，得到了固然可喜，但也就那么回事；失败了固然可悲，但也没什么大不了。自己活得很轻松，没有什么压力，没有什么值得焦虑担忧的事。

二是要掌握好暗示的时机。有位日本心理学家曾经说，当我们的头脑处于半意识状态时，是潜意识最愿意接受意愿的时刻，来进行潜意识的接收工作是理想不过的了。所以，我们每天早晨起床前，或者每晚入睡前，我们都可以进行积极心理暗示，告诉自己：“我很棒，我现在好得不得了。”

三是暗示需要不断重复。美国著名心理学家威廉斯曾经说，无论什么思想，只要以强烈的信念，进行多次反复地思考，那它必然会置于潜意识中，成为积极行动的源泉。心理暗示自然也不例外，你每天不断告诉自己，自己现在很棒，不知不觉间，你就会觉得自己确实很棒。

总之，通过心理暗示，我们的心理压力释放了，焦虑减少了，心情愉悦了，心里平静了，全身放松了，自然可以很快进入甜美的梦乡！

【心理点拨】　现在社会生活节奏快，压力大，失眠症患者越来越多。但大多数人常常会把失眠症看成单一的病，在遭遇了失眠的痛苦之后，他们首先想到的常常是药物治疗。药物治疗确实速度快，效果好，但副作用也大，不仅无法真正克服失眠症，还会使很多患者患上药物依赖，即一停止服用安眠类药物，就会焦虑，就会睡不着。和药物治疗相比，类似心理暗示等心理疗法，不仅没有副作用，还能彻底解决失眠问题，所以应该成为失眠症患者的首选。

哪些东西越吃越睡不着

现代人的生活水平是越来越高了，相较于几十年前，各种好吃的好喝的都不再是奢望。可是，越来越多的人却发现，自己的生活水平是增长了不少，可是睡眠却成了一个越来越困扰自己的问题。其实，你吃的不对，也就有可能睡得不好，因为有些食物就是越吃越睡不着！

下面就为大家介绍几种让我们吃了、喝了睡不着的食物和饮品：

一是很浓的茶类饮品。茶叶中所含的茶碱是一种中枢神经的兴奋剂，过浓和过量都容易“茶醉”，血液循环加速、呼吸急促、引起一系列不良反应。造成人体内电解质平衡紊乱，进而使人体内酶的活性不正常，导致代谢紊乱，最终影响人的睡眠。患有神经衰弱、失眠、甲状腺功能亢进、结核病、心脏病、胃病或肠溃疡的病人，都不适合饮茶。值得注意的是，哺乳期、怀孕女性和婴幼儿也不宜饮茶。一般来说，每天 1~2 次，每次 2~3 克的饮量比较适当。

二是薄荷。薄荷，土名叫“银丹草”，为唇形科植物，多生于山野湿地河旁，根茎横生地下，是一种有特种经济价值的芳香作物，全株青气芳香。叶对生，花小淡紫色，唇形，花后结暗紫棕色的小粒果。它是辛凉性发汗解热药，治流行性感冒、头疼、目赤、身热、咽喉牙床肿痛等症。外用可治神经痛、皮肤瘙痒、皮疹和湿疹等。不过，薄荷所具有的提神醒脑的功效，对于睡眠也有一定的不良影响。

三是辣椒、大蒜、洋葱等辛辣食物。日前，澳大利亚一项研究显示，吃辣后，在睡眠的第一周期，体温会上升，会导致睡眠质量降低。还会使胃中有灼烧感和消化不良，进而影响睡眠。

四是粗纤维食物。纤维过粗的蔬菜，比如韭菜、蒜苗、芥菜等都不容易消化，会加重肠胃的负担，导致流向消化系统的血液增加，影响脑部血液供应，影响睡眠质量，即使要吃，也应该炒烂一点，且不要放太多油盐。

五是酒类饮品。睡前饮酒曾经被很多人认为可以促进睡眠，不过最近的研究证明，饮酒会影响睡眠质量，使睡眠状况一直停留在浅睡期，很难进入深睡期，故饮酒的人即使睡得时间很长，醒来后仍会有疲乏的感觉。

【心理点拨】　除了上述几类对睡眠产生不良影响的食物之外，油腻的食物也会对睡眠产生不良影响。这主要是因为油腻食物在消化过程中会加重肠、胃、肝、胆和胰的工作负担，刺激神经中枢，让它一直处于工作状态，从而导致失眠。所以，对于那些因为喜欢吃大鱼大肉而导致睡眠不好的朋友们而言，就应该吃点清淡点的晚餐，不然你们的睡眠会越来越差。

哪些东西越吃睡得越香

在现实生活中，我们总是能遇见这样一群人，他们的睡眠很差，白天无精打采，夜晚彻夜难眠，整个人看上去一点儿精神气都没有。可是，他们在改变了自己的饮食习惯后，却突然像变了一个人一样，整个人看上去精神气十足，干什么事儿都精神满满的，看上去整个人的状态好极了。其实，道理很简单，就是他们吃对了东西。

下面就为大家介绍几种有助于我们增强睡眠质量的食物和饮品：

一是牛奶。牛奶有两种催眠物质。一种是能够促进睡眠血清素合成的原料L色氨酸，由于L色氨酸的作用，往往只需要一杯牛奶就可以使人犯困；一种是具有调节作用的肽类，其中有数种"类鸦片肽"，这些物质可以和中枢神经或末梢神经的鸦片肽受体结合，产生欣快感，有利于入睡。

二是核桃与大枣。核桃可用于治疗神经衰弱、健忘、失眠、多梦等症状；大枣含有蛋白质、糖、维生素C、钙、磷、铁等营养物质，具有安神的作用。

三是龙眼。龙眼具有补心益脑、养血安神的功效，临睡前饮用龙眼茶或以龙眼加白糖煮汤饮用。

四是小米。研究发现，小米中含有丰富的色氨酸，它能使大脑思维活动受到暂时的抑制，使人产生困倦感，临睡前喝一碗小米粥有助于提升睡眠质量。

五是香米。不少女生都怕胖，尤其淀粉更是不敢碰。但研究结果却显示，长粒型的香米其实是帮助睡眠的最佳食材。香米是一种高血糖指数的壳类，能促进胰岛素大量分泌并提高血液中色氨酸的含量，进而达到促进睡眠的效果。

六是苹果。苹果浓郁的芳香气味，对人的神经有很强的镇静作用，能催人入眠。如果家里没有苹果，可以试试倒杯开水加入一勺醋来喝，同样能促进睡眠。除此外，在床头柜上放上一个剥开皮或切开的柑橘，吸闻其芳香气味，也可以镇静中枢神经，帮助入睡。

【心理点拨】　饿着肚子上床会干扰睡眠，因为饥饿的感觉会让人睡不着，有些研究甚至认为，试图减肥的人，反而可能更常醒来。所以，如果你为失眠所苦，睡前少吃点东西可能有助于入睡。不过，只能吃些小点心，吃得太丰盛会对肠胃系统造成压力，上床时反而不舒服，难以入睡。

哪些运动让我们睡得更香

如果你每天都在为睡眠不好而发愁，那么不妨从今天起，每晚睡觉前都给自己留半个小时左右的时间去做些运动吧！合理而不激烈的运动不但能够让累了一天的你更放松，还能够让你睡得更香。

一是先让自己平躺在床上，然后将双腿慢慢抬起，再由上往下进行按摩，这个动作能够让你放松下来。随后，两腿分别悬在半空中，呈九十度，再连续轻微地屈伸双腿，就能够促进腿部血液循环，让你的双腿进一步放松。在做完腿部动作之后，你可以趴在床上，双手夹着耳朵，慢慢弓起身子，持续做 5 次左右，既可以帮助你放松全身肌肉，还有助于你排便，减少你的肠胃负担。

二是睡前两小时慢跑半小时。晚上适度运动产生的轻微疲劳感需要香甜的睡眠来解除，这就使得运动后的睡眠质量大大提升。跑步时尽量选择人流车流少、通风、空气好的公园小径、学校操场等地方，而且最好是塑胶、草地等有弹性的地面。虽然晚上跑步强度不大，但是运动鞋仍然要合脚、软底，最好换上专门的跑鞋，这样能更好地缓冲压力，减少关节受伤的概率。

三是睡前散步。平心静气地散步 10~20 分钟，会使血液循环到体表，入睡后皮肤能得到“活生生”的保养。躺下后不看书报，不考虑问题，使大脑的活动减少，较快进入睡眠。美国国家睡眠基金会指出，散步时体温升高，人的大脑会得到降低体温的信号，体温降低使人放松，因而可以促进睡眠。但如果睡前两小时内还外出散步，离入睡时间太近，不足以使身体降温，也就是说，身体还处于较兴奋状态，反而不利于入睡。因此，最好将晚上散步时间稍微提前些。

【心理点拨】　晚间锻炼身体能助消化，利于晚上睡觉，对身体很有好处。美国芝加哥大学临床研究中心曾发表的一份研究报道说，人体生物钟在机体对运动的反应中起到比以前认为的更为重要的作用。晚间锻炼不但使人的体格健、外形美，而且可以调节心理活动，消除人们的心理障碍，达到愉悦身心的效果。

你应该知道的睡眠好方法

你总是为睡眠发愁吗？如果是，那么你现在不用再担心了，下面就为你介绍几种促进睡眠的好方法。

一是不要养成熬夜的恶习。据英国《每日邮报》报道，科学家一项最新研究发现，一晚的糟糕睡眠，对大脑可能产生很大损害，就等同头部遭到了一次严重的撞击。

研究者通过对健康的年轻人的测试证实，只需一夜睡眠质量不良，大脑中发生的化学变化，就会显示与脑部受损时类似的情形。负责该项研究的瑞典吴普萨拉大学教授克里斯蒂安·贝内迪克特解释道，主要的变化是大脑分泌的烯醇化酶（NSE）和蛋白酶 S–100B 的数量，它们都是脑部受损的生物指标，在类似脑震荡等症状中会出现。

更为重要的是，熬夜会让你的生物钟紊乱，严重影响你的睡眠。所以，你要想拥有一个好的睡眠，那么你就必须从拒绝熬夜开始。

二是养成睡前泡脚的好习惯。现代医学认为，脚是人体的“第二心脏”，脚部有大量神经末梢与大脑紧密相连，还密布着许多血管。

用热水泡脚或揉搓脚底时，其作用会影响到全身各部分，从而对人体整体实施调节，达到促进睡眠，防治疾病的目的。需要注意的是，水温不能超过40℃，泡脚时间在15分钟左右为宜。

三是睡前不要吃垃圾食品。在很多人看来，睡前吃一点垃圾食品没什么大不了的。可事实上却是，睡前吃垃圾食品严重有损于我们的健康和睡眠，尤其是那些高热量的食物，比如喝可乐、吃炸鸡和薯片等。睡前吃垃圾食品，不但会让我们发胖，还会给我们身体的新陈代谢功能带来很大的不利影响，最终影响我们的健康和睡眠。

所以，你要想做一个健康的人，一个睡眠质量高的人，那你就必须养成睡前不吃垃圾食品的坏习惯。

【心理点拨】 睡眠或觉醒是正常的生理过程，但它不是人为能完全自主控制的活动，而是一个被动过程。它不像人体某些活动可按人的意志，说来就来，要止则止。因此，我们为了自己的健康和生活的幸福，就必须养成良好的睡眠习惯，一辈子都要和那些不好的睡眠习惯做斗争！只要你敢于坚持，就能够改变自己，让你重新拥有高质量的睡眠。

第九章

人格分裂症：创造的赞美诗或恐怖的深渊

在人格分裂症患者看来，生活的上上之策就是戴着一顶童话中的魔帽，终其一生隐形于帽子之下。

——德国心理学家弗里兹·李曼

他叫李海鹏，在单位里表现非常优秀，不但能力强，人品也很好。一天，李海鹏去单位的公共浴室里洗澡的时候，恰好一个朋友打来电话。一边接电话一边往里走的他，没注意走进了女浴室——浴室收费的老大爷恰好出门买烟去了，只顾着打电话的李海鹏就这样走了进去。

由于是没注意，再加上平时一贯表现良好，女浴室里的女同事们都原谅了他。可是，这件事情却在李海鹏的心里留下了深深的印记。几个月后，李海鹏又一次在打电话的时候闯进了女浴室，鉴于有上一次“误闯”经历，女同事们在指责了他一顿后也没有再说什么。可是，女同事们哪里知道，李海鹏的这“又一次”根本不是误闯，而是有意为之。

渐渐地，李海鹏的“误闯”情况越来越频繁了，他甚至经常误闯女厕所。再往后，“误闯”已经不能满足他了，他开始在夜间跟随一些单身女性，有的时候甚至在黑夜里趁着那些单身女性不注意就跑过去在人家脸上摸一把，或者身上抓一把，然后一路狂奔着逃脱“现场”。

李海鹏深知自己这样做总有一天会暴露，可是他总是控制不住自己。终于有一天，李海鹏在尾随一位单身女性，并准备向那位单身女性伸出“魔爪”的时候，被暗中悄悄跟随的民警给抓了个正着。

这个故事中的李海鹏就是一位人格分裂症患者。也许，在很多人看来，他就是一个“色魔”，是一个神经病。可是，大家想过没有，他为什么会这样做？为什么自己明明知道不能这样做却偏偏要这样做呢？原因就是他患有严重的人格分裂症，他之所以落得被警察抓住的下场，就是因为他不知道自己患有人格分裂症。

现实中像李海鹏这样的人还有不少，如果他们能够早点意识到这是病，并及早治疗，也许就不会在错误的道路上越走越远，以至于做出那些怪异的行为，伤害了别人，也害了自己。

走近人格分裂症

在当前这个物欲横流的社会中，人格分裂症已经成了一种严重危害人类健康的重大疾病——不论是精神科还是心理科，很多的患者都是人格分裂症的“受害者”。根据世界卫生组织公布的一项数据显示，每一万人中一年就会出现2~6名人格分裂症患者，而这比人类平均拥有的医生数量还要多。所以说，人格分裂症已经成了令人类不得不重视的“健康杀手”。

那么，你知道什么是人格分裂症吗？

人格分裂症是一种持续、通常慢性的精神科疾病，是精神病里最严重的一种，它是以基本个性改变，思维、情感、行为的分裂，精神活动与环境的不协调为主要特征的一类最常见的精神病。

人格分裂症的形成有一个缓慢的过程，在早期会表现出工作积极性和工作能力下降；对人冷淡，与人疏远；对外界事物不感兴趣；对家人不知关心照顾；生活懒散；敏感多疑；性格改变等。如果能够及早发现这些早期症状，并及时接受治疗，就可以避免病情的严重。

当细小的征兆演变成为真正的人格分裂症时，患者的症状有如下几种：

一是思维联想障碍。主要表现为思维联想过程缺乏连贯性和逻辑性，其特点为患者在意识清醒的情况下，思维联想散漫或分裂，缺乏具体性和现实性。交谈时可表现为对问题的回答不切题，对事物叙述不中肯，使人感到不易理解，即思维松弛；语句之间缺乏联系，言语凌乱，即思维破裂；患者在说话时联想突然中断，脑内一片空白，之后转换为新的话题，即思维中断；在脑中突然涌现一连串的联想，即思维云集或强制性思维；感到脑子里的想法不是自己的，是外界强加的，是别人借自己的脑子思考问题，即思维插入。

二是思维内容障碍。主要表现为妄想，即在无外界原因影响的情况下，思维会突然中断，或涌现出大量不相关的思维，这些思维与客观事实、所受教育水平、文化背景等不相符合，甚至荒谬离奇，有时还带有危险性，但患者却坚信不疑，无法被说服，也不能加以纠正。被害妄想是最多见的妄想，例如患者感到自己受到威胁，无根据地认为有人想陷害、破坏、谋害自己，进行跟踪、监视等。

三是情感障碍。患者缺乏对周围事物的情感反应，早期表现为细致的情感缺失，例如原本可能是一个对周围人关心、同情、体贴的人，突然变得感情平淡、淡漠起来；严重时，患者表现为对涉及自身利益的重大事漠不关心，对一般人都感到烦恼痛苦的事，患者无相应的情感反应，即情感淡漠。

四是意志活动障碍。病人的活动减少，缺乏主动性，表现为孤僻离群、被动退缩、缺乏主动性和积极性，不注意清洁卫生，长期不洗澡，不梳头，生活懒散，终日无所事事，呆坐或卧床。部分病人的行为与环境完全不符合，例如吃肥皂、洗衣粉等不能吃的东西，伤害自己的身体等。

五是幻觉。幻觉指在客观现实中并不存在某种事物的情况下，患者却感知到他的存在。最常见的幻觉为幻听，主要是言语性的幻听，即周围没有人说话，患者却听到有说话声。幻听一般分为评论性幻听、命令性幻听、思维鸣响。除了幻听之外，患者还可能出现幻嗅、幻触、幻味，但比较少见。

此外，还有一些紧张综合征。最明显的表现是紧张性木僵，缄默不动，违拗或呈被动性服从，并伴有肌张力增加。

当我们发现自己有以上这些症状时，那么我们就应该怀疑自己是不是患上了人格分裂症。在这个时候，我们就应该及时就医，找准病根，早日摆脱人格分裂症的折磨，重新回到社会中来。

【心理点拨】　在外人看来，人格分裂症患者平时的表现和发病时的表现差异很大，甚至截然不同，外人可能会认为患者发病时的言行可能是无意识的。但实际情况是人格分裂症的病人一般没有意识障碍，即妄想、幻觉和其他思维障碍一般都是意识清楚的情况下进行的。明明平日里表现非常好，明明意识很清醒，却做出了一些令人匪夷所思，甚至非常极端的事情，这才是这种疾病的独特与可怕之处。

检测一下你的人格分裂程度

作为一种严重的精神疾病，仅仅靠对照这种疾病的表现就来判定自己是否患病，会显得过于草率。下面的自测题，可以进一步让你判定自己是否患上了人格分裂症。请你根据自己最近的表现，认真回答下列问题。

1. 你喜欢下面哪种动物（ ）

A. 兔子（去第 2 题） B. 马（去第 3 题） C. 蛇（去第 4 题）

2. 和别人第一次见面，你如何介绍你自己呢（ ）

A. “您好，我是××，我是一位体育运动的爱好者，您呢?”（去第 3 题）

B. “嗨，您好，我和××是同学，听说他跟你很熟啊！”（去第 4 题）

3. 如果你某一天有空，你是选择和喜欢的人一起去逛街呢?还是选择陪着父母去散步呢（ ）

A. 喜欢的人（去第 6 题） B. 父母（去第 4 题）

4. 假如你突然得到一笔钱让你去开个店铺，你选择开一个什么样的店铺呢（ ）

A. 专门为潮男潮女们服务的时尚杂货店（去第 5 题）

B. 一个卖二手乐器的小店面（去第 7 题）

5. 和心爱的人一起去看一场话剧，舞台上的男女主角开始亲吻的时候，你会怎么样（　）

A. 低下头去看手机，当作什么也没有发生（去第 6 题）

B. 悄悄地攥紧心爱的人的手，内心感到十分的幸福（去第 7 题）

6. 闲暇的星期天，你觉得哪段时间最容易过去（　）

A. 早上赖床的时候，时间悄无声息地过去了（去第 7 题）

B. 和朋友们出去玩的时候，时间不知不觉中就溜走了（去第 8 题）

7. 什么事情让你感到非常烦心（　）

A. 睡到半夜的时候，隔壁邻居家的两口子又打起来了，非常烦人（去第 8 题）

B. 刚刚上班，老板就叫你去外面买东西（去第 9 题）

C. 看见养的小狗跑到厨房去拉屎（去第 10 题）

8. 你喜欢以什么样的聚会去拉近与朋友们的关系（　）

A. 和朋友们一起去吃饭唱歌，玩到最嗨，累到玩不动的时候回家（去第 10 题）

B. 与朋友们在一个晴朗的日子里一起去爬山或野炊——B 型

9. 如果你和朋友之间发生了严重的矛盾，那么你会做什么来请求他的原谅呢（　）

A. 买一件你觉得十分不错的礼物送给朋友——A 型

B. 找一家朋友喜欢的餐馆，然后请朋友吃饭——B 型

10. 假如你的母亲和恋人都给你做了一道美味的食物，你选择先吃哪一个（ ）

A. 母亲——C 型 B. 恋人——D 型

【心理点拨】 本测试题的使用办法是，前 8 题的每一个选项会指引你到最后两题的相关选项，最后得出测试结果。如果结果是 A 型，则表明你是一个典型的分裂型人格，你在一个场合表现为一种特质，而在另一个场合则表现为另一种特质。也许，你的心机很重，善于做一些很有规划的事情，但是没有人觉得你是一个能够一下子就揣摩透的人。如果结果是 B 型，则表明你不是一个分裂型人格的人。可是，你的内心里却隐藏着双重的性格特征，你会在不同的朋友圈子里表现出不同的自己，然后努力去迎合不同的朋友。当然，你未必是一个“墙头草”，你的优点是不会太隐藏自己的内心，你的缺点是有时候为了迎合朋友而忘记自己。如果结果是 C 型，则表明你是一个忠于自己的人，你既没有人格分裂，也没有双重性格。如果结果是 D 型，则表明你非常健康，是一个很会生活且懂得爱护自己的人。

哪些原因导致了人格分裂症

我们为什么会得人格分裂症？这个问题说难很难，说简单也很简单——在当前这个物欲横流的大时代里，各种各样的欲望让我们承受了无比沉重的精神压力，最终让我们患上了人格分裂症。当然，这是一种太过笼统的回答。那么，下面我们就来仔细看看，我们为什么会患上人格分裂症呢？

一是巨大的工作压力导致我们患上人格分裂症。很多身处职场的人都为工作压力大所困扰，尤其像金融、IT、营销等职业从业人员，更是长期承受着巨大的工作压力。如果你在职场中长期承受着巨大的精神压力，心理高度紧张，整个人每天都像一张拉满的弓一样紧绷着，那么你患上人格分裂症的概率就非常之高。

二是感情问题与家庭矛盾导致我们患上人格分裂症。对于任何一个人来说，失恋、追求心仪之人被拒绝等感情问题发生之时，都会痛苦不已。而那些夫妻感情不和、家人之间矛盾重重的人，更是每天都生活在愤怒与失落之中。这样一来，痛苦、愤怒、失落等“负面因子”就会导致这些人心理失衡，逐渐让自己变得不理智起来，最终让自己患上了人格分裂症。

三是生活压力大导致我们患上人格分裂症。生活压力大是很多人都在感慨的一个话题。但是仔细观察那些经常发出这种感慨且常常愁眉不展的人，大多数都是一些有着工作能力不强、没有理财观念、人际交往能力弱等特点的人。而且，这类人往往在经济方面都承受着巨大的压力，导致生活水平不高，总是在别人面前感叹生活的不易。所以，这些人很容易患上人格分裂症，因为他们总是生活在悲观的情绪之中。

四是急功近利导致我们患上人格分裂症。有些人对于事业、财富的追求有着十分迫切的欲望，他们中的绝大多数人都经不起失败的打击，即便有时候前进的速度稍微慢了一点，他们也会为此大动肝火或者唉声叹气。所以，这些人总是生活在一种压力非常大的生活状态中，很少能够主动去调节自己的情绪，最终让自己患上了人格分裂症。

五是学习压力过大导致我们患上人格分裂症。现在的学生们都有看不完的书和做不完的习题，他们面对着老师和家长的殷切期盼，总是感觉学习压力很大。正因如此，我们经常能够在报纸、电视、网络上看到一些孩子因为学习压力大而逃课、离家出走，甚至是走上绝路。所以，对于这些学习压力大的孩子们来说，最应该做的就是和家长、老师沟通，不断调节自己，减轻自己的学习压力，如此才能让自己不再为学习压力而焦虑、愁闷，才能避免患上人格分裂症。

总之一句话，除了病理性人格分裂症患者之外，那些因为严重的心理问题而患上人格分裂症的人，就应该对症下药，尽量减轻自己所承受的压力，从而远离人格分裂症。

【心理点拨】　人格分裂型症患者敏感多疑，他们总是妄自尊大，而又极易产生羞愧感和耻辱感。目前主要有两种治疗方法，即心理治疗和生物医学治疗。尽管目前在人格障碍的治疗上已取得了一些进步，找到了有效改善症状的方法，但对人格障碍的处理在很大程度上仍然是根据人格障碍者的不同特点，帮助其寻求减少冲突的生活道路。

情绪 ABC 理论带来的启发

秋日的黄昏，玩累了的小明，在公园的长椅上打起盹来。突听“咔嚓”一声，一个陌生人坐坏了小明放在长椅上的玩具。小明大怒，刚想开口指责对方，却发现这个陌生人原来是一个盲人。顿时，小明心中的愤怒被同情取代了。

小明的反应，体现的就是心理学上非常著名的情绪 ABC 理论。该理论认为，一个人的情绪 C，并不是由激发事件 A 直接引起的，而是由对激发事件 A 进行解读的 B 引起的。

换句话说，并不是一件事引起了一个人的情绪反映，而是对这件事的理解引起了相关的情绪反应。比如，同样是心爱的玩具被坐坏，如果是普通人坐坏的，小明的解读是因为这个人的行为，导致了自己的玩具被损坏，所以他就会愤怒。如果是一个可怜的盲人坐坏的，小明就会想到对方挺可怜的，再说盲人看不到，不是故意的。这样一来，小明就不会太生气了。

情绪 ABC 理论也可以用在人格分裂症的治疗上。人们之所以会患上人格分裂症，很大程度上是因为情绪消极，自卑，压力过大。

曾经有一个稍微有点胖的女孩，因为老是讨厌自己太胖，情绪非常低落。她的头发已经很长了，朋友劝她理一下，那样看起来会漂亮一些。她会回答："对于一个胖女孩来说，头发好看一点有什么用，不减肥，其他一切都是白搭。"

同样，别人劝她买件时髦衣服，别人劝她乐观一点，别人劝她经常面带微笑，等等，她都认为没有必要，因为肥胖会否定一切。

经过一段时间的努力减肥，她确实瘦了一点，别人都说她变苗条了，变好看了，但她依然认为自己还很胖，所以她依然高兴不起来。在这种长期的因为肥胖而产生的消极自卑中，她心理压力很大，最后不幸地患上了神经衰弱。从情绪 ABC 理论我们知道，并不是事实本身，而是对事实本身的不同解读，影响了我们的情绪。对于这个女孩来说，她要想摆脱消极情绪困扰，重要的不是减肥成功，而是要认识到自己的肥胖也许并没有自己想象的那么糟糕，自己也许并不像自己想象的那么差，只要我们能够多一些对事物的积极评价，我们的情绪也会随之改变。

【心理点拨】　人格分裂症患者大都比较固执，总认为自己的想法就是事实，所以在他取得了一些成绩，并得到周围人赞扬的时候，你并不会感到非常高兴，他会认为自己的这些成绩并不算好，别人的赞扬并非发自内心，只不过是基于礼貌，基于表面敷衍，甚至基于同情。这种让看法偏离事实的固执，非常难以克服。通常的做法是，可以在做事情之前，给自己定一个合理的目标，如果到时真的完成了目标，这样自己心里就会认可这次成功，这样到时就会有一些成就感。

用心去感受世界的美丽

但现实生活中的很多人，都有诸多不顺心的事，收入问题、房子问题、子女教育问题、公平问题等，都难免令我们心情不愉快，并可能诱发人格分裂症。所以，如何在不幸的生活中，活得积极快乐，是很多人的必修课。

那么该怎么做到呢？答案就是用心去感受世界的美丽。

情绪 ABC 理论告诉我们，在很多时候，事实本身并不重要，你对事实本身进行的理解才是重要的。既然如此，我们为什么不能从积极的一面来理解我们面对的每一件事情呢？

塞尔玛陪同丈夫，驻扎在一处沙漠陆军基地。丈夫经常要外出参加演习，塞尔玛只好一个人闷在家里打发时光。

家，是温馨的代名词，但塞尔玛的家和温馨没有太多关系。房子是由铁皮建造的，火辣辣的太阳直射在上面，令整个房间仿佛是一个大蒸笼。

比炎热、干燥更令塞尔玛受不了的是孤独。基地旁边，到处都是印第安人或者墨西哥人，他们不会英语，塞尔玛根本没办法与他们交流。

塞尔玛的忍耐已接近极限，她写信告诉父母，她要丢开这里的一切，尽快回家。

父亲在回信中，并没有苦口婆心地安慰女儿，他只是简单地写了几十个字：

两个人从牢中的铁窗望出去，
一个看到了泥土，一个却看到了星星。

父亲这简短的回信，给塞尔玛带来了巨大的震撼，他决定在沙漠中寻找星星。

从第二天起，她走出铁皮屋，开始尝试着用手语或者简单的词汇与当地人进行交流。很快，她发现当地人非常热情：他们热情地教会了塞尔玛很多事，他们把不舍得卖给游客的纺织品、陶器，大方地送给塞尔玛。

除了与当地人交往，塞尔玛还开始研究沙漠里的植物、动物，欣赏沙漠的日出、日落。她很快发现，原来沙漠中还有如此多有趣的事情，还有很多其他地方看不到的美景。渐渐地，塞尔玛发现自己爱上了沙漠。

沙漠还是那个沙漠，土著人还是那些土著人，但塞尔玛的心态发生了变化，她眼中的世界也发生了巨大的变化。

伟大的革命导师马克思曾经说过："一种快乐的心情，比任何良药都更能解除心理上和人格上的缺陷。"所以，现实生活中的我们，如果能够像塞尔玛那样发现世界的美丽，感受到世界的美丽，进而感受到生活的美好，并让自己的情绪快乐起来，那么我们就可以避开人格分裂症的困扰。

【心理点拨】　一般说来，人与人之间的差距很小，人们所处的环境也大致差不多，但最后有的人消极悲观了，有的人却很正常，主要原因在于双方的心态不同。不可否认，在不少人格分裂症患者眼里，自己面临的生活环境简直太糟糕了。而面对这样糟糕的环境，自己又无法改变，于是情绪就变得更加消极起来。其实，不管我们面对的环境是真糟糕，还是假糟糕，这都不要紧。有人说："智慧的本质在于适应。"现实中凭我们一己之力不太容易改变环境，但我们可以改变自己的心态，用心去感受世界的美丽，去创造出我们生命的阳光。

偏常人格如何摆脱人格分裂的困扰

从心理学的角度来说，每一个人的个性心理特征就是他的人格。正是因为每一个人都有自己的人格，我们才以自己特定的方式生活在这个社会中——每一个人所处的生活环境、先天素质、文化教育背景以及人生经历都是不一样的，因此每一个人都会表现出不同的个性特点，比如说不同的世界观、不同的为人处世方式、不同的兴趣爱好、不同的信仰等，这些不同的表现形式综合起来，就是一个人的人格。

一般来说，假如一个人的人格与他所处的社会环境能够相互适应，那么这个人就是一个拥有健全人格的人。反之，假如一个人的人格与他所处的社会环境格格不入，处处显露出矛盾，那么这个人就是一个人格不健全的人。仔细观察，那些人格不健全的人，在待人接物、为人处世等方面都会表现得比较“怪异”。比如说，你看到一位女生戴着耳机行走在马路的中间，你觉得她这样的行为很危险，便走上前去劝她走在人行道上，结果她却对你大发雷霆，觉得你多管闲事，打扰她听音乐。很明显，这位女生就是一个人格不健全的人，因为她的行为与我们这个社会格格不入。而从变态心理学的角度去考察，所谓的人格不健全者，就是一种偏常人格。那些偏常人格的人除了与社会不能和谐相处之外，还表现得懦弱、狂躁、自卑、孤僻、害羞、沉默等。他们在社会上的交际能力非常差，常常活得很“自我”。那么，对于这种偏常人格的人来说，该怎么做才能够让自己更好地融入这个社会呢？

一是要注意改变自己原有的生活方式。如果你不愿意与人交往，那么你就多去参加一些社会活动，如朋友聚会、单位体育活动等；如果你不愿意将自己的内心世界展露在别人的面前，那么你就要学会多交一些朋友，并学会向他们倾诉自己内心的痛苦，分享自己内心的快乐。

二是不要再那么敏感，学会沿着别人的思维去听别人说的话。偏常人格的人都有一个共同特点，那就是非常敏感，常常别人话刚说了一半，他们就已经开始发脾气了。所以，对于偏常人格的人来说，就一定不能再那么敏感，要学会沿着别人的思维去听别人说的话。

【心理点拨】　心理学研究表明，一个人的人格是否健全与否，和他的经历是分不开的。也就是说，一个人的性格特点是他生活经历的真实反映。比如说，一个在爱情中受到过重大伤害的人，他在下一次恋爱过程中就会表现出敏感、疑虑等特点，甚至是不敢开始下一段恋爱。所以，对于那些人格不健全的人，就应该忘记自己经历过的挫折与失败，从而让自己变得更冷静与更贴合现在，最终成为一个人格健全的人。

不要一直生活在痛苦深渊中

张潇盟是一个大学刚刚毕业没多久的年轻人，但是他的身上却一点儿都看不到年轻人所应该具备的那种阳光与活力，而是整日沉默寡言，除了工作就是工作，在办公室里几乎一句话都不说。

坐在张潇盟对面的王姐是一位热心的中年妇女，从他上班第一天起，王姐就非常关心他。一天，王姐一走进办公室就对着张潇盟说道："小张啊，你还没有女朋友吧！昨天我的一个远方侄女来我家做客，那长得真叫水灵啊，皮肤白，个子高，就是学历有点低，要不我给你介绍介绍？"

王姐的话音一落，张潇盟的心里就升腾起一股子无名的怒火，他在心里恨恨地说道："是瞧不起我吗？学历低的没能耐的女人就往我这里介绍，是觉得我一辈子没有女人缘吗？"随后，张潇盟强压住自己心头的怒气，瓮声瓮气地说道："看不上学历低的女人，样子可以丑，但学历低的坚决不要，这是我的原则！"

张潇盟的这番话一出口，马上引得周围的同事们都转过头来看他。站在他面前的王姐则是十分的尴尬，只好悻悻地说了句："哦，那就算了。"

为什么王姐一句话就能够让张潇盟说出这样一番话来呢？原来，张潇盟之前受过感情方面的伤害。在大学快毕业的时候，室友给他介绍了一个同乡的女孩儿，两人相处得很愉快，双双约定一毕业就回老家工作，然后组建一个幸福的小家庭。可是，最终回到老家发展的却只有张潇盟，而没有那个女孩儿。

很明显，上面这个故事中的张潇盟就是一个患有人格分裂症的人——他一直生活在痛苦的深渊中，很难自己走出来。试想一下子，如果你狠狠地摔了一跤，便一直趴在地上不起来，那你的未来会怎么样？肯定是一直在地上趴到死为止！同样，对于那些因为曾经遭受过巨大的痛苦而迟迟无法从人生的阴影里走出来的人，就必须忘记痛苦，拥抱快乐，不然你只会越来越人格分裂。

【心理点拨】　不要让自己一直生活在痛苦的深渊之中，关键就是要让自己心胸变得豁达起来，敢于忘记曾经的痛苦与泪水，重新仰起头走进两岸有着如画风景的人生道路上来。忘记痛苦，拥抱快乐，这句话说起来容易做起来难，可难道我们就因为做起来难而永远不去实践了吗？肯定不是，你必须是一个勇敢面对一切的勇士，不管曾经的道路多么泥泞，不管前方的道路有着多少的未知险况，你都必须懂得迎难而上的道理！

第十章

痴呆症：注意早期信号，远离痴呆

从认知能力的角度而言，他们的生命过程被极大地缩短了。他们的悲剧在于，当试图保持感知的时候，他们失去了这种行为能力。他们失掉了“当下”的存在感，他们在空间中错位了，而在时间中失去了判断力。

——德国心理学家大卫·奥尔德里奇

曾经，痴呆症是一个令人羞于启齿的疾病。身患痴呆症的人，既要默默忍受这种疾病带来的不便，还要试图不让别人知道。曾经，痴呆症是一个很少被人关注的疾病，外人很容易把痴呆症视为一个人到了老年之后必然出现的正常现象，而没有认识到这是一种疾病。

直到有一天，一个人的出现改变了这种状况。

他曾经是好莱坞炙手可热的电影明星，他曾经是一名伟大的演讲家，他还曾经是美国总统，他曾经影响了那个时代。但不管他曾经多么辉煌，也还是无法超越时间，他老了，而且患上了痴呆症。

和普通人不同的是，他没有选择隐瞒，而是公开宣布了自己的疾病。他解释自己这样做的目的，是为了引起人们对痴呆症的更多关注，让人们更好地了解那些备受病症煎熬的家庭和个人。

在以后的10年里，他凭借自己受人关注的特殊身份，借住媒体这种传播手段，不断向公众分享自己的疾病，让全世界的人都“目睹”了自己病情发展的全过程。2004年，他以93岁高龄病逝。他与疾病斗争的巨大勇气，以及他敢于向全世界分享自己疾病的精神，受到了全世界的高度认可。

一位痴呆症从业人员赞扬他：“为战胜痴呆症做出了两项重要贡献，一是极大地提高了公众对这种病的认识；二是使人们勇于公开谈论这种疾病。痴呆症过去是一种许多人羞于启齿的病症，里根的勇气鼓舞了成千上万的患者。”

这个人就是罗纳德·威尔逊·里根。他除了是一名伟大的总统之外，还被认为是痴呆症疾病治疗史上的一个里程碑式的人物。从羞于启齿，到全世界开始重新认识痴呆症、关注痴呆症，并积极采取措施，预防和治疗痴呆症，里根开启了一个新时代。

走近痴呆症

曾经有一对老年夫妻，坐在一起看一部关于痴呆症的纪录片。妻子突然扭头对丈夫说："这病真是太可怕了，要是我得了痴呆症的话，我觉得自己还不如自杀算了……"

"嗯，我也是这样想的。"丈夫回答说。但他却没有告诉妻子，看纪录片的这段时间，这句话妻子已经说了不下 5 次了。

显然，这位妻子就是一位痴呆症患者，但她却没有意识到。没有意识到自己患病，永远活在虚假却快乐的时光里，这本来也是一个不错的选择。

但这个选择只适用于已经患病而且很严重的人，对于那些刚刚有痴呆症征兆或者有轻度痴呆症的人，还是要认真了解痴呆症，尽早发现苗头，尽早采取措施，才是最为明智的选择。

痴呆症是指在智能发育成熟后，由于各种原因而引起的严重认知功能障碍，常伴有明显的社会生活功能受损和不同程度的精神行为症状的一组综合征。一般说来，当痴呆症降临到一个人身上之前，通常会有一些征兆。

一是记忆障碍。记忆出现问题，是痴呆症非常明显的一个征兆，通常几个小时，甚至几分钟之前发生的事情都无法回忆。生活中表现为“丢三落四”“说完就忘”，反复提问相同的问题或反复述说相同的事情。

二是语言障碍。主要表现为说话时找不到合适的词语，解释过多，重复过多，变得唠唠叨叨。

三是视觉空间技能障碍。主要表现为不能准确判断物品的位置，在熟悉的环境下也可能会迷路，等等。

四是书写困难。主要表现为书写常常词不达意，对于本来书写能力很强的人来说，他的这种退步很容易引起家属的警觉。

五是失认和失用。失认是指病人不能辨认物体，失用是指虽有正常的活动能力与主观愿望，但不能执行已经学会的有目的的行动。

六是计算障碍。一般来说，计算障碍到痴呆症的中期也会出席，但在早期会有所表现，如购物时不会算账或者算错账。

七是精神障碍。早期的表现为以自我为中心，经常会出现狂躁、幻觉、妄想、抑郁等情绪，且情绪不易控制。

八是性格改变。有些患者变化非常显著，他们会变得极为敏感多疑，容易恐惧，或者变得暴躁、固执。

九是行为、运动方面。疾病早期可能表现正常，但随着病情加剧，患者的行为表现为幼稚笨拙，常常进行一些无效的或者无目的的劳动。

此外，患者还会表现出判断力明显降低，注意力难以集中，概括能力丧失等症状。

痴呆症是可怕的，它会加快患者去世的步伐，他们的平均生存期是5~10年；不仅如此，痴呆症还会让患者最后的人生活得没有价值，没有尊严，还会给亲属带来很多麻烦。所以，每一个老人以及他们的亲属，都应该提高警惕，尽量提早发现痴呆症状，尽量采取措施，尽量避免或者推延老人患上痴呆症。

【心理点拨】 痴呆症除了有上面的一些表现之外，在其加重的过程中，还会有不同的阶段。第一阶段是遗忘期，主要表现为机械记忆能力的降低，而理解记忆尚可。第二阶段是紊乱期，进入这一阶段，除了记忆障碍会不断加重外，患者的思维、判断能力、性格、情感以及工作学习能力等方面都会减退，有些还会出现失语或肢体活动不便等。第三阶段是痴呆期，除了上述情况继续加重之外，患者已经难以完成日常生活事件，如穿衣、进食、大小便等，四肢直屈困难，需要靠别人照顾才能生活。

检测一下你的痴呆程度

下面是一份关于痴呆症的国际通用的简易测量标准，同时也是我国国内专业医院经常采用的测量标准。你可以在一个安静的环境下，认真回答下列问题。

1. 今年是哪一年？

2. 现在是什么季节？

3. 现在是几月份？

4. 今天是几号？

5. 今天是星期几？

6. 你现在在哪个省（市）？

7. 你现在在哪个县（区）？

8. 你现在在哪个乡（镇、街道）？

9. 你现在在第几层楼？

10. 这里是什么地方？

11~13. 复述：皮球、国旗、树木三个词语（答对一个题给一分）。

14. 计算 100–7=？

15. 再减 7=？

16. 再减 7=?

17. 再减 7=?

18. 再减 7=?

19~21. 回忆：皮球、国旗、树木 (答对一个题给一分)。

22. 辨认：手表。

23. 辨认：铅笔。

24. 复述：四十四只石狮子。

25. 按指令做：闭上眼睛。

26. 用右手拿测试纸。

27. 再用双手把纸对折。

28. 将纸放在大腿上。

29. 请说一句完整的句子 (尽可能长的句子)。

30. 请您照着桌子上某样东西的样子画图。

【心理点拨】 此测试题满分 30 分，每答对一题得 1 分。文盲≤17 分，小学文化程度者≤20 分，中学及以上文化程度者≤24 分，提示为轻度认知功能障碍或痴呆，应到医院咨询检查。

是什么让你患上了痴呆症

人们所熟知的痴呆症患者，除了有里根总统外，还有有“铁娘子”之称的英国前首相撒切尔夫人，还有香港中文大学前校长、2009 年诺贝尔物理学奖获得者华裔科学家高琨……看到这一连串辉煌的名字，有人也许会问，是不是用脑越多的人越容易得痴呆症呢？答案是否定的。

恰恰相反，大量研究证据表明，文化程度越高，痴呆症的发病率越低。文盲的人中痴呆症的发病率是中学以上文化程度的人的 16 倍。体力劳动者比脑力劳动者痴呆症的发病率高2~3 倍。那么痴呆症的病因到底是什么呢？

一是脑变性疾病或者脑血管疾病。脑变性疾病引起的痴呆有许多种，最为多见的是老年痴呆症；脑血管疾病引发的脑梗死性痴呆症，是由于一系列多次的轻微脑缺血发作，多次积累造成脑实质性梗死所引起的。此外，还有皮质下血管性痴呆症、急性发作性脑血管性痴呆症，可以在一系列脑出血、脑栓塞引起的脑卒中之后迅速发展成痴呆症，少数也可由一次大面积的脑梗死引起。

二是遗传因素。大量研究证明，痴呆症患者的下一代患有该病的概率非常高。具体原因还没有得到确定，有人认为是显性基因遗传，有人则认为是隐性基因遗传，且遗传作用可受环境因素和遗传因子的突变所制约，以致中断其遗传作用。

三是内分泌方面疾病。例如甲状腺功能低下症和副甲状腺功能低下症都可能引起痴呆症。

四是营养及代谢障碍。这是一种由于营养及代谢障碍，造成脑组织及其功能受损而导致的痴呆症。

五是某些生理性疾病。例如恶性肿瘤引起代谢紊乱可导致痴呆症，而脑肿瘤也可直接损伤脑组织导致痴呆症；梅毒螺旋体可以侵犯大脑，产生精神和神经症状，最后导致麻痹性痴呆症；此外，艾滋病、脑外伤、癫痫的持续发作等原因均可引起痴呆症。

六是药物及其他物质中毒。现实生活中，由于经常酗酒、慢性酒精中毒而引发的痴呆症并不少见；长期接触铝、汞、砷及铅等物质，防护不善，引起慢性中毒后可以导致痴呆症。

此外，老年人长期情绪抑郁、离群独居、丧偶、文盲、缺乏体力及脑力锻炼等，也可加快脑衰老的进程，诱发痴呆症。

【心理点拨】 痴呆症的诱因是多方面的，有遗传方面的原因，有疾病方面的原因，有药物方面的原因，有情绪方面的原因。知道这些原因之后，每个人可以根据自身的情况，多留心自己身体的变化，一旦有了痴呆症征兆，就要及时接受治疗。此外，病人家属也要多关心一下患者，因为失去关注的老人容易出现负面情绪，可能会拒绝治疗，或者自暴自弃，从而不利于痴呆症的防御或治疗。

合理饮食，预防痴呆症

人们常说“病从口入”，这个道理不仅适用于一般器质性疾病，对于痴呆症这种精神行为综合征也不例外。研究发现，通过合理安排饮食，遵守一定的饮食原则，对于预防和治疗痴呆症都具有非常明显的效果。

一是吃多少的问题。俗话说“是病怕三碗”，意思是只要胃口好，吃得多，疾病就能痊愈。实际上，这个说法并不适合痴呆症。这既是因为吃得越多，患痴呆症的概率也就越大，也是因为患痴呆症的多是老年人，他们的新陈代谢率明显降低了，多吃意味着增加消化负担。所以正确的做法是，每餐都应只吃七分饱，这样不但能起到预防痴呆症的作用，还能很好地保护消化系统。

二是以清淡为主。日本科学家在临床研究中发现，人若在青、中年时期经常摄入大量的糖、盐、油，到老年后就易患痴呆症。因此，人们——尤其是老年人平时应以清淡的食物为主，尽量少吃含糖、盐、油多的食物。

三是应该吃什么。把蔬菜、豆类、水果和全粒谷物当成饮食方案中的主角。这些食物含有丰富的、能够对大脑功能起到保护作用的维生素和矿物质，如维生素 B_6 和叶酸。要常吃富含胆碱的食物，因为乙酰胆碱有增强记忆力的作用，而乙酰胆碱都是由胆碱合成的。因此，人们应多吃一些富含胆碱的食物，如豆制品、蛋类、花生、核桃、鱼类、肉类、燕麦、小米等。要常吃富含维生素 B_{12} 的食物，研究发现，人常吃富含维生素 B_{12} 的食物有预防痴呆症的作用。富含维生素 B_{12} 的食物主要包括动物的内脏、海带、红腐乳、臭豆腐、大白菜和萝卜等。

四是多咀嚼。生理学家发现，当人咀嚼食物时，其大脑的血流量会增加20%左右，而大脑血流量的增加对大脑细胞有养护作用。因此，老年人在吃食物时要多咀嚼，在不吃食物时也可进行空咀嚼，或者用咀嚼口香糖代替，用此法可预防痴呆症。

五是关于饮酒。科学研究证实，经常饮酒的人罹患痴呆症的概率要比从不饮酒的人高5~10倍。这是因为酒精不但能使大脑细胞的密度降低，还能使大脑细胞快速萎缩。因此，人们应尽量避免饮酒，尤其应避免饮用烈性酒。但葡萄酒则不同，它可以降低痴呆症的发病率，痴呆症患者每天可以喝一点葡萄酒，但不能太多，一杯就可以了。

六是尽量不使用铝制的炊具和餐具。铝是一种两性物质，它与酸碱都可以发生化学反应。如果用铝制的炊具或餐具盛放酸、碱性食物，会使铝元素游离出来污染食物。而人吃了被铝离子污染过的食物，会使铝在大脑、肝、肾、脾、甲状腺等多个组织器官中蓄积下来，这会损害人的中枢神经系统，使人的反应变得迟钝，并会加快人体的衰老，最终可引发痴呆症。

【心理点拨】　合理平衡的饮食足以满足我们的日常营养所需，所以摄入过多的食物对身体并无好处。预防痴呆症，也要管住嘴，养成良好的饮食习惯，防止“病从口入”。

适量运动，预防痴呆症

忙忙碌碌一辈子，经历了太多的风风雨雨，终于到了退休的年龄，终于可以放心大胆地休息一下了。这固然是一件值得高兴的事，但要注意在你选择休息颐养天年的时候，一定不要忘记每天要进行适量的运动，因为这可以让你远离痴呆症。

首先，适量运动可以为大脑提供充足氧气。大脑是人体消耗氧气最多的器官，但它却没有储存氧气的能力，所以需要通过血液循环源源不断地把新鲜的氧气供应进来。每天进行适量运动，尤其是有氧运动，可以有效锻炼循环系统，保证足够的氧气供应。

其次，适量运动可以远离疾病。我们知道，有一部分痴呆症是由脑变性疾病、脑血管疾病等疾病引起的，经常进行适量的运动，可以让身体更健康，少受各种疾病侵害，所以也就可以减少患痴呆症的概率。

再次，适量运动有利于脑部健康。研究表明，每天进行适量的运动，诸如散步、打太极拳、做保健操等，可以有利于大脑抑制功能的解除，提高中枢神经系统的活动水平，促进神经生长素的产生，进而预防大脑退化。此外，适量运动还可以锻炼小脑的共济能力。经常活动四肢，身体各部位才能协调好，也就不容易出现认知功能衰退和运动失调，同时对记忆也有明显的帮助。

最后，适量运动可以改变情绪。进入老年之后，肢体活动不方便，有时候会丢三落四，这让很多老人不愿出门，整天闷在家里。这种时候，人容易胡思乱想，孤独、焦虑、抑郁等负面情绪也特别容易乘虚而入，从而增大患痴呆症的概率。而适量的运动既有助于改善记忆和思维能力，也可以改善你的兴趣，让你远离痴呆症。

坚持运动意义重大，那么该如何选择运动项目呢？答案是因人而异。有些人会选择散步、打太极拳、跳舞等有氧运动，以增加大脑氧气供应。也有人会选择一些复杂精巧的手工运动，这是因为临床研究发现，人活动手指可以给脑细胞以直接的刺激，对延缓脑细胞的衰老有很大的好处，所以老年人可通过打算盘、在手中转动健身球、练习双手空抓、练书法、弹奏乐器等方式，来运动手指，从而预防痴呆症的发生。

【心理点拨】 运动对预防和治疗痴呆症都非常有效，但这并不是说运动越多越好。实际上，老年人每天的运动应该适可而止，不能运动量过大，否则容易疲劳。人在疲劳的时候，免疫力会降低，这会给其他疾病带来可乘之机。

养成良好习惯，预防痴呆症

痴呆症的致病原因中，有些是我们无法控制的，例如遗传等；有些和疾病有关，例如高血压、高血脂、肥胖、糖尿病等疾病会诱发痴呆症，而这些疾病通常都和我们的日常生活习惯有关。既然如此，那么我们通过建立健康科学的生活习惯，让自己远离这些疾病，从而也就可以降低我们患痴呆症的概率。

一是注意睡眠问题。随着年龄的增长，老年人的睡眠时间也随之减少，睡眠质量也越来越差，尽管如此，每个老人都应该至少保持每天 6 小时以上的睡眠。和缺少睡眠相反的一种情况是嗜睡，这时大脑几乎处于“静止”状态。此外，健康的睡眠还要注意不可蒙头睡觉，因为蒙头睡觉被子里的二氧化碳浓度会升高，氧气的浓度会随之下降，对大脑危害很大。

二是戒除抽烟的习惯。德国科学家通过调查发现，吸烟 10 年以上的人患痴呆症的概率要远远大于从不吸烟的人。这是因为吸烟会引起脑供血不足，使脑细胞发生萎缩。因此，吸烟的老年人应积极戒烟，以避免因此患上痴呆症。

三是不要让生活太单调。进入老年之后，很多人离开了工作岗位，每天接触到的新事物非常有限，生活单调、程序化，脑细胞运动非常有限，这自然会加快脑细胞的退化。让自己的生活丰富起来，不断尝试新事物，敢于打破自己经常坚持的习惯，比如，用平时不使用的那只手刷牙，不走常走的路，另辟他途等。这些方法虽然简单，但会使你的大脑更加敏捷，从而预防痴呆症的发生。

四是不要带病劳动。在身体不适的情况下，勉强坚持工作或者学习，不仅效率不高，还会对大脑造成伤害。

五是尽量避免寡言少语。很多老人由于谈话对象太少等原因，经常会寡言少语，这是非常不合理的习惯。因为大脑中专司语言的区域，如果经常说话，会促进大脑发育，并起到锻炼大脑的作用。反之，大脑的功能就会退化。

六是少看电视。看电视是一种被动接受信息的行为，人在这种状态下会懒散、消极，长时间看电视，会让人意志消沉。此外，和读书、谈话以及玩文字游戏、智力测验等活动相比，看电视需要动脑筋那样建设性的刺激明显偏少。

此外，还可以每日沉思冥想。因为经常沉思，有助于增加大脑灰色物质，有助于大脑修复和保护大脑敏锐性，降低患痴呆症的风险；还有助于降低高血压 水平，减轻压力、 抑郁和炎症程度，改善血糖和胰岛素水平，促进大脑血液流动。

【心理点拨】 进入老年之后，我们对周围事物的兴趣也会随之降低，这让我们的生活变得日益无趣，我们的精神状态也会比较消沉，一步步向痴呆症滑落。要改变这种状态，我们首先要提高对周围事物的兴趣和好奇心，无论是新兴事物，还是以前就有的事物；无论是偶尔见到的事物，还是经常见到的事物，我们不妨都带着一颗好奇的心去关注他们，了解他们。这样既可以丰富我们的生活，又可以增加我们的注意力，防止记忆力减退。

积极用脑，预防脑力衰退

有人专门做了一项调查，目的是测试打麻将对老人的影响，被调查者从60岁到90多岁不等。结果发现，喜欢打麻将的人患痴呆症的概率普遍偏低。在被调查者中，有位老人已经92岁高龄，大脑依然很好，问其秘诀，答曰天天打麻将。

为什么打麻将能够预防痴呆症呢？这是因为人的脑子不用就会生锈，越用就越灵。打麻将的过程中需要不断运用自己的大脑，大脑自然也就能够保持灵活了。其实，不仅打麻将，其他诸如读书发表心得、下棋、写日记、写信等，都是简单而有助于锻炼大脑的方法。

既然打麻将、下棋等这类简单的游戏都能有助于大脑保持灵活性，那么专门的智力锻炼，自然效果会更好。一般说来，人们在预防或治疗痴呆症时，常选择的智力锻炼有如下几种。

一是进行常识训练。所谓常识，有相当多的内容是我们之前已经掌握，但随着记忆力的衰退，这些常识正从我们的记忆库里不断丢失。为了阻挡遗忘的脚步，我们需要不断地提醒自己这些信息，例如现在是什么季节，今年是什么年，家在哪里等。

二是进行分析和综合能力训练。读书的时候，看电视剧的时候，试着总结一些主要内容，试着对一些情节进行分析。对于一些比较严重的痴呆症患者，太复杂的分析和综合能力训练比较难以掌握，这时你可以对一些物品进行归纳、分类，例如说出哪些是蔬菜，哪些是水果，哪些属于交通工具，哪些属于文化用品等。

三是理解和表达能力训练。让身边的人给自己讲一些事情，讲完之后让对方提出一些问题，根据自己的理解予以回答。也可以在读书、看电视剧的时候，向身边的人说一下心得、感悟，写一些心得文章。

四是进行思维灵活性训练。训练的方法就是寻找一些有益于智力的玩具，如拼图、折纸等。像少年时玩这些玩具一样，我们可以让自己抱着极大的兴趣，认真玩这些玩具。

五是社会适应能力训练。多走出家门，到公园里找人聊天，多与外人接触，多与人交流。可以发展一项业余爱好，比如摄影、集邮等。主动参加一些和爱好有关的组织，和组织成员经常聚会，交流心得，一块出去活动。

六是进行数字概念和计算能力训练。可以经常自己去购物，自己算账，做一些简单的计算。如果没有东西需要自己去买，自己可以在家里模拟购物，例如小白菜 1.5 元一斤，买 3 斤是多少钱，10 元钱能买几斤等。

【心理点拨】　毫无疑问，上面的这些训练并不复杂，这些常识和能力我们大都曾经掌握过，而且也已经存储到我们的记忆库里了。但随着年龄的增大和记忆力的衰退，这些本来很简单的一些常识，一些很基本的能力，我们却要渐渐失去了。现在我们不断地去回忆它们，训练它们，既可以预防或者延迟痴呆症，也可以避免让这些常识和能力永远地离我们而去。

治疗痴呆症的回忆疗法

所谓回忆疗法，就是通过引导老人回顾以往的生活，重新体验过去的生活片段，并给予新的诠释，以使患者了解自我、减轻失落感、增强自尊心的一种治疗手段。

回忆疗法的实施非常简单，可以采用一对一的形式，也可以采用小组治疗的形式。治疗时需要借助一些有形的提示，比如照片、电影、歌曲等。

借助这些有形的提示，回忆疗法的引导者可以引导患者回忆与此有关的记忆，记忆的内容可以多选择童年时期的，或者青年时期的，而且最好是快乐的经历。

回忆疗法的过程是轻松的、温馨的，像熟人之间聊家常一样。引导者引导患者去回忆，当患者找到了那些遥远的回忆，并快乐地、充满激情地诉说时，引导者应该静静地认真聆听，并不时地给对方以鼓励。

聆听时，不仅要引导患者自己说，还要引导他们的非语言表达方式。例如恰当的手势、温和的声音、温柔的身体接触、灿烂的微笑等。这些交流方式的训练，对于语言困难或者失语的痴呆症患者，会有很大的帮助。

当然不可否认，要让有些患者，尤其是重度痴呆症患者，回忆起遥远的往事是困难的，这时引导者可以多讲，因为聆听往事也能让痴呆症患者得到愉快感。

一般来说，一次回忆疗法的时间应该不少于4周，活动次数不得少于6次。每次活动时间控制在45分钟到1小时为宜。

【心理点拨】 由于受到记忆能力、认知能力、活动能力不断衰退的影响，痴呆症患者的世界正在不断缩小。不断缩小的世界，让他们在现实生活中每天都可能遭遇到困难和挫折，这会让他们非常沮丧，非常失落，这又进一步削弱了他们本来就不多的精力，也削弱了他们参加社会活动的兴趣。毫无疑问，他们正在快速地向更小的世界滑落，一直滑向无望的深渊。而回忆疗法，就是通过引导他们回忆过去，让他们相信他们的长期记忆依然存在，让他们获得认可感，增强自尊心，这正是帮助他们抵抗他们的世界不断缩小的方法。

治疗痴呆症的音乐疗法

奥地利大音乐家海顿说：“艺术的真正意义在于使人幸福，使人得到鼓舞和力量。”而音乐作为艺术必不可少的一部分，是我们生活和心情的调节剂，也是我们心灵的彼岸，精神的家园。

音乐的这些伟大意义不仅适用于普通人，也适用于痴呆症患者，于是就有了针对痴呆症的音乐疗法。

所谓音乐疗法，就是运用音乐的艺术手段进行的，通过影响患者的心理、生理，进而达到治疗目的的一种治疗方法。

对痴呆症进行音乐治疗时，乐曲的选择非常重要。当前中国的老人大都熟悉和喜爱中国传统民乐、地方戏曲、当地民谣或者革命歌曲。所以治疗时，我们可以主动选择这些自己熟悉和喜爱的乐曲。

音乐治疗分为被动治疗和主动治疗两种。所谓被动治疗就是以听和欣赏为主，在这个过程中，我们可以利用音乐展开冥想，也可以用音乐转化情绪；主动治疗则是由培养兴趣，到熟悉歌曲，并逐步达到会唱的目的。一般来说，主动疗法的效果要好于被动疗法。

音乐疗法可以在寂静的房间里进行，其方式主要是以欣赏、吟唱为主，把自己的兴趣、注意力全部融入到音乐之中。在聆听中，你可以悄悄地和自己的心灵对话；在聆听中，你可以把灵魂深处最深的思念捧出来；在聆听中，你可以重拾原始的寂寞；在聆听中，你可以捧出一颗心来，去和自然真诚握手。

也可以在公园、广场上进行，其方式主要以大声演唱为主，通过大声演唱，来表达自己的感受，来释放自己的心情。同时，和大家一起演唱，也会让自己与他人的沟通和交流增加，这会有利于我们摆脱孤独，保持心情愉悦。

【心理点拨】 音乐疗法之所以对痴呆症有效，是因为音乐可以改善神经系统、心血管系统、内分泌系统，可以调节体内血管的流量和神经传导；音乐可以提高大脑皮层的兴奋度，可以改善我们的情绪，激发我们的感情，振奋我们的精神；音乐具有主动性、积极性功能，可以提升我们的创造力和思考力，使我们的右脑更灵活；音乐还可以作为交流手段，通过音乐我们和很多人走在一起，一起听，一起唱，一起讨论，一起来宣泄我们孤独、寂寞、消极的内心。

BINGMO XINLI XUE

病魔心理学

治愈导致你内心不安的 11 种病症

第十一章

神经衰弱症：脑力劳动者的疲劳催化剂

神经衰弱的发生与患者的个性特点密切相关，而患者的个性不是固定不变的，是具有可塑性的，所以预防神经衰弱可以从改造不良个性入手。

——心理学专家王鹏飞

在广大“追”日剧的年轻人眼里，日本偶像派少女明星广末凉子是一个非常耀眼的影星，她那甜美的外表，她出演的那一部部经典作品，都让人印象深刻。然而，有谁能想到，这样一个年轻阳光的美女明星，竟然有曾经因患神经衰弱而大小便失禁的经历。

事情是这样的，广末凉子 14 岁就开始接拍广告，16 岁就已经大红大紫。随后她进入日本最著名的大学——早稻田大学就读。就读期间，经常有娱乐记者涌进校园采访，影响了其他同学的生活；她经常缺课，却能正常升级，让很多其他学生很不满；愤怒的学生甚至在校园内贴出大字报，让她滚出校园。加上工作和学习压力都很大，以及感情方面的困扰，让这位年轻的当红女星患上了严重的神经衰弱。

据当地媒体报道，她“到电台做直播节目时表现异常，还在大街上公然解开牛仔裙的纽扣，大小便失禁”。甚至，因为精神几乎到了崩溃的地步，她还曾被送入医院接受精神治疗。

幸运的是，经过一段时期的调整，广末凉子又逐渐恢复了健康，并凭借《入殓师》横扫包括奥斯卡最佳外语片在内的各大奖项，更翻身成为日本身价最高的女星。

当然，患有神经衰弱的名人并非广末凉子一个，例如我国著名文学家郭沫若、著名影星赵文卓等，都曾有过患神经衰弱的经历。

通过广末凉子等人的经历，我们可以得出两个信息：一是神经衰弱危害很大，轻则让人失眠，重则大小便失禁，甚至走向自杀；二是大部分神经衰弱是可以治愈的，至少是可以减轻的。既然危害大，就应该重视；既然可以治愈或减轻，就应该有信心。所以，每一个深受神经衰弱困扰的人，从现在起，都应该行动起来，努力从神经衰弱的困扰中走出来。

走近神经衰弱

广末凉子因为神经衰弱而大小便失禁，这只是神经衰弱到了非常严重的时候才可能出现的症状，对于大部分神经衰弱患者来说，其表现远远达不到这种程度。那么神经衰弱到底是怎么回事呢？

所谓神经衰弱，是指精神容易兴奋和脑力容易疲劳，常伴有情绪烦恼和一些心理、生理症状的一种神经症，通常有如下症状：

一是衰弱症状。这是本病常有的基本症状，既包括体力方面，也包括脑力方面。具体表现为患者经常感到精力不足、萎靡不振，或脑力迟钝、不能集中注意力、记忆力减退、工作效率减退等。

二是兴奋症状。患者进行一般性活动，诸如读书看报、看电视等活动，活动结束之后，非但不能放松神经，消除疲劳，反而精神特别兴奋，不由自主地会浮想联翩。更麻烦的是，睡觉以前，本应该心情平静，他们却不由自主地回忆、联想往事，神经兴奋，以至于难以入睡。

三是情绪症状。患者自制力减弱，情绪波动大，缺乏正常人的耐心和必要的等待，容易瞬间兴奋、激动或者暴怒。有时会忍不住向周围人发脾气，情绪平稳之后，又会非常后悔，非常自责，并可能会对引起自己情绪波动的某人某事产生怨恨情绪。

四是紧张性疼痛。患者常常会感到头重、头胀、头部有紧压感，或颈项僵硬，有的患者还会表现为腰背、四肢肌肉痛。这种疼痛是由情绪紧张引起的，疼痛的程度与劳累无明显关系，所以即使有充足的休息，也难以有效缓解。

五是睡眠障碍。由于容易兴奋，睡眠时浮想联翩，所以患者入睡困难。即使勉强入睡，也会经常梦多，易惊醒，睡眠浅，醒后感觉似乎并未入睡。因为晚上睡眠不好，患者白天常常昏昏欲睡，一到晚上却来了精神。

此外还有其他生理、心理障碍。较为常见的表现有头昏、眼花、心慌、胸闷、气短、尿频、多汗、阳痿、早泄、月经不调等。

【心理点拨】　和其他神经症一样，神经衰弱本来表现的症状也许并不是很严重，但一经过心理放大，就变得严重起来。例如衰弱症状，面对自己的萎靡不振，患者就会感到缺乏信心和勇气，就会感到意志薄弱，就会容易悲观失望，进而更加萎靡不振。例如紧张性疼痛，你越是想着疼痛，疼痛就越厉害；再例如睡眠障碍，入睡困难时就会烦躁，就会痛恨怎么还没睡着，就会渴望尽快睡着，结果就更难睡着。正确的做法是，对于这些症状不干涉，不过问，顺其自然，怀着积极的心态去生活。

检测一下你是否有神经衰弱

很多人都听说过神经衰弱这个病，有的人记忆力差就怀疑自己患上了神经衰弱，有的人睡眠不好就怀疑自己患上了神经衰弱，等等。真可谓众说纷纭，那么究竟你是否患上了神经衰弱呢？请根据自己平时的表现，认真回答下列问题。

1. 你很容易激动，情绪很不稳定，波动很大（　）

A. 是　　B. 否

2. 你常与人争执，明知自己不对，但无法克制（　）

A. 是　　B. 否

3. 你回忆及联想的时候很多，常不想再想了，但还是控制不住（　）

A. 是　　B. 否

4. 你的自我控制能力在减弱（　）

A. 是　　B. 否

5. 你常因一些微不足道的事发怒（　）

A. 是　　B. 否

6. 你常会莫名地伤感、流泪（　）

A. 是　　B. 否

7. 你很急躁，内心总是莫名的烦躁不安（ ）

A. 是　　B. 否

8. 你很自私，什么事首先想到的都是自己（ ）

A. 是　　B. 否

9. 稍有不如意的地方，你就会大为不满，甚至大发雷霆（ ）

A. 是　　B. 否

10. 你常和家人、朋友、同学闹矛盾（ ）

A. 是　　B. 否

11. 一般来说你会经常腹胀、便秘（ ）

A. 是　　B. 否

12. 你对轻微的呼声特别敏感，使你感到心慌，心跳加快（ ）

A. 是　　B. 否

13. 你常觉得家长、朋友、同学不能理解你，以至于与他们格格不入（ ）

A. 是　　B. 否

14. 你在发怒和生气后总是感觉很疲惫（ ）

A. 是　　B. 否

15. 你的大脑变得似乎不能思考，反应很慢（ ）

A. 是　　B. 否

16. 看书学习时间稍长就头痛、头昏眼花以致不能坚持（ ）

A. 是　　B. 否

17. 你注意力难以集中，脑子里像一盘散沙（ ）

A. 是　　　　B. 否

18. 你的记忆力很差，对记数字和姓名尤为困难（　）

A. 是　　　　B. 否

19. 看过的书你过目便忘，学习效率降低（　）

A. 是　　　　B. 否

20. 你常为学习效率不高而感到焦虑苦恼（　）

A. 是　　　　B. 否

21. 你常会感到恐惧，胆子变得很小（　）

A. 是　　　　B. 否

22. 你的食欲很差，饭量减少（　）

A. 是　　　　B. 否

23. 你没干什么事，却会觉得全身无力（　）

A. 是　　　　B. 否

24. 你常有头晕、头胀及头痛的感觉（　）

A. 是　　　　B. 否

25. 你常忘记很多事，但对烦恼之事却不易忘记（　）

A. 是　　　　B. 否

26. 每次睡觉起床后，都觉得没休息好，精神很差，总是萎靡不振（　）

A. 是　　　　B. 否

27. 你入睡很困难，常常会失眠（　）

A. 是　　　　B. 否

28. 你的手脚多汗，且一般来说经常会发冷（ ）

A. 是　　B. 否

29. 你常会感到全身肌肉酸痛（ ）

A. 是　　B. 否

30. 你睡觉爱做梦，很容易惊醒（ ）

A. 是　　B. 否

【心理点拨】　以上测试，选择A得1分，选择B得0分。如果你的总分为9分以下，说明你只是有疲劳和焦虑感，适当调整作息，你的焦虑和疲劳感就会消失。如果你的得分为10~19分，说明你有了神经衰弱的症状，身体长期处于疲惫状态，情绪不稳定，今后需要调整情绪，规律生活，否则可能会给你的身体和心理带来损害。如果你的得分为20~30分，则表明你患有严重的神经衰弱，你需要到专门机构接受治疗。

是什么让你患上了神经衰弱

多年前，香港影星梅艳芳去世的时候，很多人为之伤心，其中也包括另一位巨星赵文卓。当时就有媒体报道，由于有遗传性神经衰弱，加上对梅艳芳去世的伤心，赵文卓的神经衰弱非常严重，晚上无法入眠，需要依靠服用安眠药才能睡着。

通过这个报道，我们知道遗传因素和类似好友去世等突发事件引起的精神创伤，会导致神经衰弱。那么引发神经衰弱的病因究竟有哪些呢？

一是遗传因素。一般患有神经衰弱的患者都可以在家族中找到患这种病的人，当然这不是说神经衰弱都是由遗传因素引起的，只能说遗传因素是导致神经衰弱的一个重要因素。

二是精神创伤。就像梅艳芳的去世引发了赵文卓的神经衰弱一样，生活中我们随时都可能会遇到很多突发事件，诸如亲人突然离去、失恋、高考落榜、工作事故等，这些突发事件常常会引起我们的不良情绪。如果我们短时间内无法摆脱这种情绪，就可能演变成为神经衰弱。

三是过度紧张。诸如那些面临高考的学生，那些工作压力很大的白领，那些人际关系紧张、家庭纠纷不断的普通人，他们的大脑活动过度紧张，超过了神经系统的耐受界限，就可能会引发神经衰弱。

四是用脑过度。很多脑力劳动者，诸如作家、电脑编程人员等，由于脑力劳动时间过久、工作任务过重、注意力高度集中，他们的大脑神经细胞过分消耗能量，以至于失去了正常的调节，这也容易诱发神经衰弱。

五是生活没有秩序。一般认为，人的体内是有生物钟的，如果一个人遵守一定的作息规律，就不太会患上神经衰弱。但很多人由于习惯、忙碌等原因，会经常熬夜，甚至昼夜不分。有时晚上为了提神，还会有意饮用浓茶、咖啡等易兴奋饮料，导致即使工作结束，也难以入睡。此外，由于生活没有秩序，工作也是一团糟，很多重要的工作常常被落下，等发现时已经很晚了，这自然会加大自己的心理压力，进而诱发神经衰弱。

六是环境原因。一个人长期生活在嘈杂的环境里，情绪就会烦躁，睡眠也无法得到保证，长期下去就会诱发神经衰弱。

七是内心原因。日常生活中难免会遇到一些烦恼，而又无法解决，长期积压在心里就会出问题。

此外还有疾病困扰。有些疾病，诸如慢性中毒、颅脑损伤或营养障碍等，会使患者抵抗力下降，精神紧张，或者有精神负担。患者长期生活在恐惧、烦恼和焦虑的深渊里，自然容易患上神经衰弱。

【心理点拨】　在引起神经衰弱的病因中，除了遗传因素个人无法控制之外，其他病因都与个人有关。有些人体质弱，对身体过分关切；对很多事情，哪怕是非常微不足道的事情也无法释怀，容易紧张焦虑等，都会引发神经衰弱。神经衰弱主要和个人素质有关，这也就告诉我们，只要我们能够调整好自己，就可以远离神经衰弱，如果患上了神经衰弱，只要不是太严重，通过自身调节，我们也可以摆脱神经衰弱的困扰。

治疗神经衰弱的静坐疗法

一个从小患过一场大病致使身体很虚弱的人，在青年时不幸又患上重病，致使双耳失聪。在很多人看来，这个人也许不会长寿，但他却享有 87 岁高寿。这个人就是我国文坛巨匠郭沫若。他能够以体弱之躯，却享如此高寿，和他长期坚持的一个习惯——静坐疗法有关。

1914 年，22 岁的郭沫若东渡日本求学，当年六月就考上东京第一高等学校。由于用脑过度，他患上了严重的神经衰弱，常常感到心悸、乏力，且夜多噩梦，每晚只能睡两三个小时，记忆力也大不如前，常常读了第二行就会忘记第一行。

对于正处在求学关键阶段的郭沫若来说，失眠的困扰和记忆力的衰退，让年轻的郭沫若感到非常苦恼，他一度悲观、消沉，难以自持。

一次偶然的机会，郭沫若买到了一本明代大理学家王阳明所著的《王文成公全集》。在这部书里，他读到了王阳明的静坐疗法，从此对静坐疗法的故事非常感兴趣。那一天晚上临睡前，他静坐了 30 分钟；第二天清晨起床后，又静坐了 30 分钟。

坚持了半个月之后，奇迹发生了，郭沫若的睡眠居然有了明显的改善，睡得更香了，梦也少了。不仅如此，郭沫若感觉自己的胃口也好多了，吃饭更香了，精神状态明显改善了很多。

自己身体上发生的这一幕近乎奇迹的变化，让郭沫若大为兴奋，他决定以后要长期坚持静坐。他成功做到了，也许连他自己都没有想到，他的这一静坐竟然持续了几十年。后来，郭沫若曾经总结了自己的静坐疗法：

一是静坐前取端坐姿势，头朝前，眼睛微闭，嘴巴微合，牙齿不相互咬，双手放于大腿上，两膝并立，双脚微分。

二是注意呼吸，吸气时长而缓，呼气时短而促。

三是静坐的时间选择在睡前、睡醒后半小时最好，一次 30 分钟左右，地点可以不受限制。

由于长期坚持静坐，郭沫若的体质由弱变强，这为他后来事业的发展奠定了良好的身体基础。

为此，郭沫若对静坐非常看重，到了晚年，谈到自己的养生方法，他说："静坐于修养上是真有功效，我很赞成朋友们静坐。我们以静坐为手段，不以静坐为目的，是与进取主义不相违背的。"

静坐，让郭沫若身体由弱变强，也因为郭沫若的长期坚持而影响了很多人，所以后人把这种治疗方法亲切地称为"郭沫若的静坐疗法"。

【心理点拨】 静坐之所以有效，既有心理原因，也有生理原因。生活在现实世界里，生活节奏快，压力大，竞争大，人际关系紧张，我们的情绪很难不受到外界因素的干扰，有时面临繁重的任务，我们会有压力；有时我们做了错事，我们会内疚；想到明天可能遇到的麻烦，我们会恐惧、紧张、焦虑。通过静坐，我们把这些负面情绪释放掉，这样可以让我们的情绪恢复平静。情绪稳定后，我们的血压也会跟着降低，消化系统也会恢复正常，睡眠质量也会提高，从而也就有利于神经衰弱的康复。

张弛有度，合理计划每一天

李刚是一家公司的经理，每天为工作的事忙得焦头烂额，依然还有很多事情没有做好，自己还患上了神经衰弱。为此，李刚错过了好几单大生意。

痛定思痛之后，李刚决定改变这种工作状态，改变的方法就是制订工作计划，合理安排自己的工作时间。

每天上班之后，李刚就把一天所做的事都记载下来，然后拟定一个计划表，规定自己在某段时间内做某事。这个计划表里，除了有办事时间，还合理安排了休息时间。

有了明确的计划，李刚便开始按时做各项事。例如，从上午9：00开始，召见各项目负责人，询问工作进度；10：30，会见B项目团队成员，就B项目运行中出现的问题，讨论解决方案；13：00，会见客户；14：00，稍微休息20分钟，然后看最近一期的行业杂志；16：30，召开业务部门例行会议。

有了明确的工作计划，并一步一步根据计划去落实、去完成，从此李刚的工作立即显得井然有序，不会出现随意性、盲目性，不再为没有完成的工作而焦虑，不会整日活在紧张之中，他的神经衰弱得到了明显的改善。

此外，通过合理的安排工作，不仅之前的那些胡乱忙碌几乎绝迹了，而且李刚的工作效率也随之大大提高。

感受到工作计划带来的魔力之后，李刚又制订了生活计划。一天中，早上起来要做什么，中午要做什么，晚上要做什么，什么时间用来学习，什么时间陪家人，什么时间吃饭，什么时间准时休息，等等，都列入到了计划之内。

有了合理的生活计划，并严格执行，吃饭时间固定了，胃口也好了，身体素质也提高了；不再熬夜，不再靠浓茶、咖啡提神，失眠也就减少了；有更多的时间陪家人，和他们一起聊聊天，出去散散步，心中的紧张焦虑情绪得到了释放，心情也变得好了起来。

就这样，靠着工作和生活这两份计划，李刚告别了神经衰弱。

【心理点拨】　有位智者说：“人生如棋。”下棋时，如果我们毫无计划，毫无章法，胡乱下棋，下不了几步之后，就会陷入处处受制于人、疲于应付的窘境。相反，如果有了计划，我们进退有据，就不会手忙脚乱，顾此失彼。人生也应该如此，我们的学习、工作、生活，都像是棋盘上的棋子，它们都应该按照我们提前制订的计划进行，一方面提高效率，另一方面，一切都在我们的掌控之中，我们自然不会紧张焦虑。如此，自然可以远离神经衰弱。

单调的生活需要调剂

生活在现代都市里的人，其生活大多数是单调的，每天上班下班，两点一线。周末休息一下，但很快会结束，然后还是上班下班。如果这种单调里又充斥着紧张、压力，这就会让神经系统一直处于紧绷的状态。

一根弦绷得时间太长了，就会失去弹性；人的神经绷得时间太长了，就会生病，就可能会患上神经衰弱。

所以，如果你的生活太单调，你就应该抽出一定的时间放松一下，调剂一下心情，让神经适当放松一下，自然有利于避免神经衰弱。

调剂心情的方式有很多种，你可以在下班之后，把工作、生活的烦恼统统抛掉，到屋外散散步，看看那些匆忙来去的背影，欣赏一下街道两旁的店铺布置，体会一下现代都市灯红酒绿的生活。你只是这一切的看客，置身于事外，又置身于事中，这时你会发现很普通的事情，也可能会别有一番趣味。

调剂心情，你可以炒几个小菜，邀几个朋友小酌几杯。朋友之间，无话不谈，彼此或吐露一下心事，或开玩笑乐呵一下，这也可以让自己换一换心情，从工作的烦恼乏味中解脱出来。

调剂心情，你也可以在家种植一些花花草草。摆弄花草，通过这种非常简单的劳动，你的那些消极情绪会慢慢消退，甚至完全消失。你会发现你的呼吸变得均匀了，你的血压开始降低了，刚才还令你无法接受的事，现在你也能心平气和地面对了。

所以，有人说，种植花草如同抚养孩子。有喜有忧，有笑有泪，有花有果，有香有色，有辛劳有回报，这就是种植花草的乐趣。

调剂心情，你也可以练习一下书法，或在工作繁忙之余，或在百无聊赖之时，挽起袖子，铺开宣纸，让时间静静地流淌，让身心徜徉于汉字的时光长廊，体味书写的敬意与喜悦，这不就是书法给你的最好回报吗？

调剂心情其实很简单，因为丰富多彩的生活都掌握在我们自己手中，就看我们如何挥洒我们手中的画笔。但不管采取何种调剂方式，只要调剂，只要有行动，对预防和治疗神经衰弱都会有一定的作用。

【心理点拨】　生活可以平淡，但不能乏味，在平淡中透着甜，才是幸福的。调剂心情，就是为了不让生活太乏味，就为寻找那点甜。但要注意的是调剂不同于放纵，为了调剂，你可以去旅游，去看电影，去种植花草，但没有必要去熬夜打游戏，熬夜去唱歌，熬夜去喝酒。虽然后者也能够起到调剂心情的目的，但却要付出很大的健康代价，而且这种混乱了生物钟的做法也不利于神经衰弱的恢复。

地球离开了谁都照样运行

人们常常赞美某些管理者时，会选择“事必躬亲”这个词。不可否认，有的时候事必躬亲的管理者确实很优秀，但有的时候事必躬亲，不仅不会提高效率，反而把管理者自己也累坏了。

雷雷是一家图书公司的老板，他平时非常勤奋，从上午 8 点，到晚上 10 点，除了吃饭、午睡，他几乎一直在工作。他几乎从不休息，周六、周日和节假日，你都可以看到他的 QQ 一直在亮着。

图书行业本来就是一个非常耗费脑力的行业，加上雷雷如此拼命工作，所以神经衰弱毫无意外地袭击了他。他每天晚上睡不好，白天又经常犯困，才三十多岁，头发已经脱落了很多，人也很憔悴。

周围的朋友向雷雷提议：“何必如此辛苦呢？你应该适当休息一下。”

雷雷感叹说：“我何尝不想休息呢？只是公司的事，无论大小，只要我不问，就要出纰漏。我实在是走不开啊！”

直到有一天晚上，像老黄牛一样勤奋的雷雷，终于累倒了。与死神擦肩而过的雷雷，依然挂念着自己的公司，希望尽快回去工作。但医生叮嘱他，不可再过于辛劳，否则有生命危险。

妻子告诉雷雷，宁可不要公司，也不能把身体拖垮了。在妻子的劝说下，雷雷被迫放下手头的工作，带着全家人出去玩了几天。

在玩的时候，他常常在想：公司没有自己，现在该乱成一团粥了吧？很多工作进程都没有完成吧？然而，回来之后他欣喜地发现，没有了自己的事必躬亲，公司并没有垮掉，而是该怎么运行还是怎么运行。

经过这件事，雷雷领悟到一个道理，那就是不要把自己看得太重要，地球离开了谁，都会照样运行。

当然，有了这个认识之后，并不是要对公司全部甩手不管，而是要学会放权。为此，他把公司的行政、人事等乱七八糟的琐事，都交给了多年跟随自己的老胡；排版、设计的事情，全都交给了年轻的小鹿；他只负责与出版社的合作和策划选题。

大胆放权之后，雷雷的休息时间多了，神经衰弱的困扰也消失了。这样一来，他也就有了更多的精力来策划更多更好的选题，公司的业务多了起来，规模也开始不断扩大。

人生不能只有快乐，也不能只有痛苦。像雷雷之前那样无疑是痛苦的，这样一直痛苦下去，如果有效率，公司规模不断扩大，还算值得安慰，但累得吐血，却没有成效，就不能不让人反思了。

如果你现在的处境和雷雷很类似，并因此患上了神经衰弱，那么就应该停下来，放松一下，换个心情，考虑一下你的工作方式是不是出了问题。

【心理点拨】　累垮之前的雷雷为何不肯休息？就是因为他把自己看得太重了，认为离开了他，整个公司就无法运行。这种想法不仅影响了公司的发展，也增加了管理者的工作量和心理压力，让管理者一步步走向神经衰弱。要改变这种状况需要勇气，这个时候，你可以告诉你自己："嗨！老兄，不要把自己看得太重了，不要以为离开了自己，地球就不转了。"

疲劳之前，先休息一下

对于大多数人来说，总是在疲劳甚至神经衰弱之后，才想到去休息一下。这样做显然是不合理的，因为你在疲劳中工作，效率会很低；然后你需要花更多的时间，才能从疲劳中走出来。那么正确的做法是什么呢？答案就是在疲劳之前，先休息一下，丘吉尔就是这样一个人。

第二次世界大战爆发几个月后，英国首相张伯伦因为战事不利遭到指责而辞职，时任海军大臣的丘吉尔走马上任成为首相。

如果在和平年代，首相意味着巨大权力，也意味着巨大荣耀。但在战争年代，首相更多的则是意味着责任。对于这一点，丘吉尔认识得很深刻，他在下议院会议上说："我没有别的，只有热血、辛劳、眼泪和汗水献给大家。"

尽管丘吉尔说的信誓旦旦，但有人依然有所担心，因为这时的丘吉尔毕竟已经66岁高龄了，在德军对伦敦进行狂轰滥炸的这样特殊时刻，一边要躲避不请自来的空袭，一边还要处理千头万绪的国家军事、外交等事物，一个66岁的老人，能够胜任吗？

然而，人们很快震惊地发现，已入花甲之年的丘吉尔经历异常充沛，他经常每天工作16个小时，指挥英国作战。即使如此，每次见到丘吉尔，人们总是发现他神采奕奕。

丘吉尔的秘诀在哪里呢？答案就是他会休息。每天早晨醒来，稍作准备之后，他就开始工作。但他的工作地点不是在办公桌前，而是在床上。他在床上看报告、口述命令、打电话，甚至还会在床上举行重要会议。就这样他在床上一直工作到 11 点，依然不会太疲劳。

中午吃过饭之后，他并没有立即开始工作，而是到床上睡一个小时，醒来之后才开始工作。晚上 8 点钟晚饭前，他还会到床上去睡两个小时。

因为在疲劳还没有到来之前，丘吉尔就已经休息了，所以他根本不必想办法消除疲劳，就能神采奕奕地工作到午夜。

也许有人会担心，像丘吉尔这种休息方式是不是太混乱了，会不会影响健康，影响自己的寿命呢？要回答这个问题，只要列举一下事实就可以了。丘吉尔用这种方式休息，身体一直很健康，而且活到了 91 岁。

不可否认，对于普通的上班族来说，很多事情是自然无法和丘吉尔比，例如我们要每天按时到单位上班，所以不可能躺在床上上班，更不可能把老板、同事叫到自己床前传达命令；中午只有一个小时的休息时间，自然无法回家，也无法躺到床上休息。

那么该怎么办呢？其实我们并不是要完全学习丘吉尔的做法，要借鉴的只是“疲劳之前，先休息一下”的思想，在尽可能的条件下，在疲劳之前，有意识地去休息一下。只要想，总会找到休息的办法的。例如虽然我们无法躺在床上休息，但我们可以趴到桌子上打个盹。哪怕只休息了 5 分钟，你也会发现自己精神了很多。

【心理点拨】　有人说，休息其实就是修补。从生理学的角度而言，大脑细胞兴奋可以持续4~5 个小时，此后就会转入抑制状态。所以，工作一段时间之后，在疲劳还没有出现之前，例如中午，就休息一下，就可以避免疲劳，让自己重新兴奋起来。此外，适当的小憩还可以使心血管得到舒缓，可以降低人体紧张度，为自己的健康充电。